智慧妈妈
财商课

龚阿玲◎著

中国财富出版社

图书在版编目（CIP）数据

智慧妈妈财商课／龚阿玲著. —北京：中国财富出版社，2020.4

ISBN 978-7-5047-6828-5

I.①智… Ⅱ.①龚… Ⅲ.①儿童—理财观念—家庭教育 Ⅳ.①TS976.15 ②G78

中国版本图书馆 CIP 数据核字（2020）第 049739 号

策划编辑 杜 亮	**责任编辑** 张冬梅 郑晓雯		
责任印制 尚立业	**责任校对** 卓闪闪		**责任发行** 白 昕

出版发行	中国财富出版社
社 址	北京市丰台区南四环西路 188 号 5 区 20 楼 **邮政编码** 100070
电 话	010-52227588 转 2098（发行部） 010-52227588 转 321（总编室）
	010-52227588 转 100（读者服务部） 010-52227588 转 305（质检部）
网 址	http://www.cfpress.com.cn
经 销	新华书店
印 刷	北京京都六环印刷厂
书 号	ISBN 978-7-5047-6828-5/TS·0103
开 本	880mm×1230mm 1/32 **版 次** 2020 年 5 月第 1 版
印 张	6.375 **印 次** 2020 年 5 月第 1 次印刷
字 数	126 千字 **定 价** 38.00 元

推荐序一

家庭教育需要父母共同承担起责任

2020 年的"三八妇女节"有点儿特殊，上海市妇联响应中央、全国妇联和市委市政府的号召，向广大妇女、800 余万家庭发出倡议书，积极动员广大妇女同胞立即行动起来，发挥在社会生活和家庭生活中的独特作用。除了在全国率先发起为一线女医护工作者募集口罩和女性用品的行动外，上海市妇联还开展了一系列心理服务和亲子教育等课程项目，针对不同女性人群和不同需求，在"三八妇女节"期间开展线上讲坛和直播服务，对职场女性及其家庭进行心理关怀和疏导；加强对"12338"妇女维权公益服务热线在妇女维权和心理服务功能上的宣传；同时针对疫情特殊时期的亲子教育问题，推出"家长如何有效开展'三生教育'"的线上课程。

家庭是亲情的联结，也是情感的纽带，更是孩子的第一所学校。如何教孩子从小学习做人，树立正确的人生目标，培养好思想、好品行、好习惯等儿童教育问题，关乎一个家庭的成长、国家的未来和社会的进步。

家庭教育的目的，是让孩子形成正确的价值观，养成健康的生活习惯。家长通过在日积月累的陪伴过程中言传身教，帮助孩子认识世界，学会跟他人相处，勇敢面对生活的挑战。由此可见，家长具有正确的观念和教育智慧，对一个家庭的成长与发展至关重要。

由于受到历史、社会、文化习俗等影响，家长在家庭教育中的角色定位有一定的差异性。毫无疑问，儿童认识世界是从妈妈开始的。儿童早期的行为模式和性格养成都受到妈妈潜移默化的影响。因此，在家庭教育中，妈妈所承担的角色无人可以取代。

中国传统文化讲"养不教，父之过"，可见，爸爸在家庭教育中不仅不能缺失，而且不可被替代。父爱缺位不仅会给妈妈带来巨大的精神压力、影响家庭和睦，而且会让孩子变得缺乏上进心、缺乏主见、生活依赖性强、缺乏责任感……甚至会造成亲人反目的严重家庭矛盾。

关于子女教育的内容和家庭规则，父母需要共同商量，取得一致的意见，不能在孩子面前表现出不同的看法。平时在家里，爸爸除了以身作则、给孩子做出示范以外，更重要的是尊重妈妈的想法，同时坚定地站在妈妈的身边。

　　《智慧妈妈财商课》是一本教妈妈学习亲子教育的书，作者从教育心理、习惯养成等角度出发，为妈妈们答疑解惑，帮妈妈们增长智慧。比如，如何让孩子变得积极主动？如何让孩子坚持做一件事？如何用零用钱培养孩子热爱劳动？如何用压岁钱让孩子感受中国家庭的传统美德以及帮助别人的快乐？爸爸也应该学习和了解书中的教育理念和方法，才能更好地配合妈妈，共同完成养育子女的责任。

　　家庭教育是一项艰巨的任务，父母各司其职、密切配合，才有利于孩子的健康成长。希望更多家长朋友能读到这本书，做智慧的妈妈和友好的爸爸，成为孩子信任的伙伴，帮助孩子养成积极、友爱、勤奋、坚韧、自律的好习惯，陪伴孩子健康、自信、快乐地成长。

翁文磊

上海市妇女联合会副主席

推荐序二

梦想力让孩子插上自信的翅膀

我是学金融出身，见证过中国资本市场的飞速发展，看到很多人快速积累了个人财富。2007 年 10 月，我们一群金融机构与上市公司的专业管理人员在香港注册了"真爱梦想中国教育基金有限公司"；2008 年 8 月，上海真爱梦想公益基金会在上海市民政局注册为地方性非公募基金会，2014 年转为地方性公募基金会。我们的使命是发展素养教育，促进教育均衡，以教育推动社会进步。

"梦想课程"是与华东师范大学课程与教学研究所崔允漷教授团队联合开发的，以培养全人为目标，以帮助学生成为"求真、有爱的追梦人"为价值追求，以学生适应社会所必需的健全品格和关键能力为课程建构的主要方向，以合作、体验、探究为基本的学习方式，与基础教育国家课程互补的结构化的课程体系。

2009 年至今，梦想课程不断迭代研发，现已有 37 门适用于义务教育阶段不同年级的课程，涵盖积极心理、艺术、研学、科创、环保、理财、生涯规划等与学生生活密切相关的课程主题，回应学生的梦想力发展需求；包括基于项目学习的"去远方"、促发学生内心兴趣的"职业人生"、培养孩子财商的"理财"和"财经意识"等，这些培养学生梦想力素养的课程出现在全国 31 个省市自治区、近 300 个区县的 3374 所学校，其中包括 242 个国家级贫困县（1390 所学校）百万余名乡村孩子的课堂上。

"理财"是孩子们最喜欢的课程之一。在贵州一所学校的梦想课堂上，学生们探讨有了钱怎么花。"如果我有 1000 万元，我要买 100 辆公交车，请 100 个驾驶员。"孩子流着泪说出自己的梦想。偏远地区很多孩子是留守儿童，他们的心愿之一就是去父母工作的地方团聚。于是有了"去远方"这样的梦想课程：孩子们分成小组，做一个预算为 1 万元的 7 天旅行计划，从全国选出 7 个优秀方案的小组，发奖金让孩子们能真正走出去。"财经意识"是针对初中学生设置的一门财经素养教育课程。初中生正处思辨和表达能力发展的重要时期，而这门课程创设的财经情境和问题，能够给初中生提供符合其认知发展的学习机会，帮助其学会决策以及理性消费。

以学生为中心、以活动为基本形式，梦想课程为学生提供了多样化的参与和表现机会。通过丰富的课程内容和有趣的学习体验，拓展学生的视野，激发学生对求知的好奇与渴望，增强沟通表达、团队合作、情绪管理等方面的能力。

感谢政府和社会对梦想课程的广泛关注。

2012 年，"梦想中心"素养教育服务体系获得了民政部颁发的"中华慈善奖"；2017 年，"指向公平与质量的梦想课程公益服务九年实践"获"上海市级教学成果一等奖"。

我与阿玲在八年前相识。她不仅是上海金融界的投资理财专家、金融教育家，同时也担任上海真爱梦想公益发展中心的理事。2017 年，她还发起了真爱梦想甘肃创新人才教育专项基金，为西部地区的学校、教师提供家庭理财教育和儿童财商教育的课程，扶贫扶志。

祝贺阿玲的新书《智慧妈妈财商课》出版，相信其中的理念和智慧能给更多的中国家长带来启发，帮助更多的孩子自信、从容、有尊严地成长。

潘江雪

上海真爱梦想公益基金会理事长

推荐序三

儿童财商教育决定家庭的未来

2000 年，《富爸爸穷爸爸》一书被翻译成中文并正式出版。自此，针对儿童的财商教育在中国开始正式进入大家的视野。然而多年后，儿童财商教育在我国并没有得到太多的认可。

2009 年，我和张玮在上海浦东创办佰特教育，成为我国第一个推广儿童财商教育的本土教育机构。当时，我们看中的是儿童素养教育的"蓝海"。我们曾经做过市场调查，向小学生的父母询问他们是否愿意给自己的孩子上儿童财商教育课程。至今我还记得，当时有超过九成的父母反问道：为什么要教小孩子理财？如果和小孩子谈钱谈多了，他们会钻进钱眼儿里的。

10 年后，我们又做了类似的问卷调查，发现国内家长的态度几乎 180 度反转，超过八成的父母觉得很有必要对孩子进行财商

教育。他们认为，让孩子从小了解、学习和掌握金钱的知识对孩子的一生都是有价值的。

然而，我们对这些认可儿童财商教育的家长继续追问：你们知道如何做孩子的财商教育吗？数据显示，只有不到20%的父母回答知道，超过80%的父母并不知道如何对自己的孩子进行财商教育，更不清楚如何培养孩子正确的金钱观。

这样的调查结果，一方面让我们看到了儿童财商教育在我国的长足发展；另一方面也让我们认识到当下儿童财商教育所面临的思想困惑和市场挑战。近3年来，我国涌现了许多向儿童介绍和讲授财商的图书和个人导师，各类财商培训班、夏令营、亲子活动如雨后春笋，体现了庞大的市场需求潜力。

俗话说，三岁看老。童年是性格养成的关键时期，一个人童年时期对生活的探索记忆会影响其长大后的方方面面，甚至直接决定其生活是否幸福。家庭是孩子的第一所学校，在家里，妈妈不仅对孩子的生活习惯影响更大，而且在孩子品格和能力的培育上也极其重要。因此，为了陪伴孩子幸福成长，妈妈也需要不断地学习和成长。

《智慧妈妈财商课》这本书面向6～16岁孩子的妈妈群体，针对真实的生活场景中妈妈教育孩子所面临的难题，提供了实用又睿智的解决方案，可以说是一本中国妈妈的家庭教育工具书。

在本书中，作者用佰特教育独创的"钱魔方"理论构建课程的框架，涵盖了生活中跟金钱打交道的六大类场景，即钱的获取、钱的储蓄、钱的消费、钱的借贷、钱的投资和钱的分享。在每一类场景下，书中首先列出现实场景中妈妈和孩子所面临的问题和困惑；接着分析问题产生背后的思维模式，指出与该场景相关的财经知识和能力要素；然后帮助妈妈找出解决问题的方案，同时还传授几招简单易学的沟通小技巧，让妈妈不仅能快速学习基础的财经知识，而且能掌握儿童财商教育的要点；最后，每一章在结尾设计了家庭亲子小游戏，提供给妈妈和孩子互动所需要的素材，让学到的财商教育方法最快转化为妈妈的实用智慧。

每个人从出生开始就要跟钱打交道，毫无疑问，熟悉金钱并能够处理好金钱关系的人往往更容易拥有幸福的人生。对于生活在经济社会中的孩子而言，财商教育跟性教育一样重要而且必要。财商不同于智商，并不取决于先天的遗传，而是完全可以后天培养的，在这方面，每一位妈妈都大有可为。

家长意识的转变，能促使整个家庭发生改变。不论您的家庭收入如何、理财能力如何，这本书都是中国家长必读的财商教育书，因为，本书中所阐述的思想和方法，能帮助您教育孩子在面

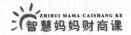

对金钱时更自律、更理性，面对生活的挑战时更从容、更坚韧；同时，帮助您培育孩子成长为自立、自信、自强的人，创造财富与幸福平衡的智慧人生。

王　胜

上海佰特教育创始人兼理事长

前　言

让中国妈妈成为孩子的财商导师

您有没有因为孩子花钱毫无节制而担心？

您有没有因为孩子在家任性固执而生气？

您会不会为怎么给孩子零用钱而一筹莫展？

您会不会为如何处理财产关系而千头万绪？

当孩子问为什么世界上会有穷人和富人的时候，您该如何回答？

当孩子向您伸手要钱买房、买车的时候，您有怎样的感想？

无论您的学历高低，自家孩子的教育都是重大的挑战；

不管您出身贫富贵贱，每个孩子的未来都同样充满着惊喜。

我应该如何培养孩子长大后独立生活的能力？

我如何才能保护孩子，抵抗花花世界的诱惑？

这些担心和焦虑，都是今天中国妈妈们所面临的问题。

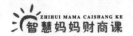

一、我所经历过的资本市场

大学毕业后，我曾经在英国渣打银行、中国工商银行、澳大利亚联邦银行及美国加州银行上班，成功领导了国际贸易投融资和国际美元清算等项目。后来我移居到中国香港，在全球著名的美林私人银行担任理财顾问，为在海外投资超过百万美元的中国家庭做财富规划与管理；2006 年，我筹建了汇添富基金管理股份有限公司的 VIP 客户部，为全国 2000 多位百万级高端客户提供证券投资顾问服务。为了财富自由，我曾经连续创业，经历过日进斗金的欢天喜地，也体验过进退维谷的人生窘境。在这些宝贵的人生经历中，我一直在不断地思考财富与幸福的深层关系。

2017 年，我开始参与中西部地区的教育扶贫，发起了旨在提升农村教师素养教育的专项公益基金，同时，作为上海佰特教育的首席财商导师开展家庭教育活动。这本书是我和十年专注于儿童财商教育的佰特团队的首次合作，是为解决中国家长在对自家孩子进行财商教育时所面临的困难而制作的"妈妈自修手册"。

回顾过去几十年在金融机构工作的经历，让我难以忘记的是，那些来找我咨询家庭理财的客户，他们的工作背景和收入水平各不相同，每个人的生活观念也千差万别；但是，大多数人对待金钱的态度高度相似，面对家庭财富所带来的问题不知所措，甚至把个人和家庭的喜怒哀乐都寄托在投资账户的数字上面。我记得，2007 年上证指数开始暴涨，并站上 6000 点高位，在突如其来的一夜暴富之后，许多客户的人生发生了翻天覆地的变化：有些人开始花天酒地、夜不归宿，有些人开始一掷千金、购买奢侈品，有些人从勤勤恳恳变得飞扬跋扈，有些人从谨小慎微变成借钱投机。没想到，2008 年发生的全球金融危机，给世界带来了末日般的恐惧，紧接着，工薪者面临失业的压力，中小企业一蹶不振。A 股狂泻千点，让成千上万个中国家庭的财富梦像泡沫一样破裂了，我的一些客户还差点自寻短见。我发现，原来在金钱的面前，成年人的情绪跟儿童玩游戏时的表现如出一辙。在股市高亢的时候，我带领着客服团队在上海、北京、广州、沈阳等地做过几千人的投资者教育活动，不断提示风险，引导理性投资。但是，人们在股市的数字面前所表现出的顽固认知和盲目狂热，让我感到困惑、无奈和悲哀。于是，在 2008 年春节前，我下决心离开这个疯狂的资本市场（当时的上证指数大约在 5500 点），从汇添富基金公司辞职了。

二、儿童财商教育的现实困境

转眼又经过了十年，中国已经成为仅次于美国的世界第二大经济体。根据《经济日报》和招商银行发布的报告，2018 年中国家庭的人均财产为 20.88 万元①，预计到 2019 年年底，全国个人持有的可投资资产总体规模将突破 200 万亿元②。同时，未来几年内，中国将产生 10 亿中产阶级，因此，需要发展更多专业的家庭理财服务、家庭金融知识以及财商教育。我发现，虽然家庭财富在逐年增长（目前中国的财富总值已经位列世界第二位），但是仍然存在家庭财富管理能力不足的问题。比如，在家庭总资产中，房产占比高达 70% 以上，投资不够多样化，造成财产流动性和风险承受能力差。与十年前相比，人们对待金钱的态度并没有多大进步，人们对未来生活的焦虑与日俱增。大部分人虽然生活水平提高了，家庭也有一定的财富积累，但是，一场疾病就可能让一个家庭变得一贫如洗。我身边有许多在金融行业和法律行业工作并拿高薪的朋友，他们也在担忧自己的孩子长大后在日益复杂的社会环境下，能否过上安全、满意的生活。另外，随着科技的进步和社会竞争的激烈，大多数人变得每天更加忙碌，家长们只想着如何为子女创造更好的物质生活条件，却没有时间思考如何培养孩子成为一个独立、智慧、有责任心的人。如果家长和

---

① 数据来自经济日报社中国经济趋势研究院编制的《中国家庭财富调查报告 2019》。

② 数据来自 2019 年 6 月 5 日，招商银行与贝恩公司联合发布的《2019 中国私人财富报告》。

孩子缺乏金融知识和财商教育方面的训练，对于中国家庭的财富传承来说无疑是一大隐患。

人们都说，家庭是孩子的第一所学校，妈妈是孩子的第一位老师。据我所知，绝大多数中国妈妈对于自己的孩子需要怎样的财商教育认识模糊。诸如怎样纠正日常生活中孩子过度消费的行为，如何培养孩子独立生活的能力同时不影响家庭关系等现实的问题，都让大多数中国妈妈感到束手无策。

2018 年夏天，佰特教育的创始人王胜老师跟我谈到，我们能否利用我过去几十年积累的金融领域的专业能力，和佰特公司过去十年在中国儿童财商教育方面的实践经验，做一个国际财商教育体系与中国实际家庭问题相结合的课程，打造一堂适合中国家庭文化和经济环境的财商教育课程，让每一个中国妈妈都能自信地学习基本的财商教育理念和家庭教育技巧，根据自家的实际情况，帮助孩子提升面对社会挑战的能力。于是，我和佰特教育的儿童财商课程设计专家李香老师一起，基于佰特课堂上家长们所提出的最关心的问题，结合在全国举办的上百场线下财商培训活动中发生的真实案例，历经半年的反复磨合，终于推出了这 17 节给中国妈妈的财商课。

今天的中国家长最关心的问题是：我的孩子要面对未来社会的生存挑战，需要哪些基本素质和能力？如何培养这些重要的生存能力呢？

我们认为，今天的中国孩子要从小加强培养以下四种能力，才能放眼世界，面向未来。

（1）批判性思维能力。

（2）沟通与合作能力。

（3）积极的领导能力。

（4）财经素养能力。

大家知道，在对人类社会产生巨大影响的犹太民族的教育理念中，财商是最重要的家庭教育内容之一。他们认为，在诸多生活技能中，赚钱最能培养人的成就感和自信心，所以，必须从小教孩子理财，培养他们的财商。在英美等发达国家，财商教育是中小学的必修课。然而在我国，由于文化差异，人们对财商教育的理解还存在种种误区，目前，财商教育在正规的教育体系中仍然处于空白。

近年来，财商教育的商业价值渐渐被市场发掘，社会上出现了不少从事财商教育的机构，很多机构会教孩子如何开立银行账户，以及如何买房、买股票等知识。我们认为，这些知识远远超出了儿童的认知水平，一些教育机构甚至鼓励儿童冒险赌博的心理。网络上也有不少财商培训课，但是这些课程虽然介绍了储蓄、保险等财经知识，却忽略了引导孩子进行独立思考，难以帮助孩子理解金钱与自立、财富与自由等深层的关系，也较少给孩子提供解决实际问题的体验机会。

三、财商教育的核心目的

与目前市面上大多数财商课程的出发点不同，我们认为，财商教育的核心目的是价值观教育和金钱习惯的培养。同时，我们还强调，父母应该积极参与教育的过程，并在家庭财商教育中承担责任，这些是佰特财商教育的出发点和着力点。

这句话是什么意思呢？我们举个例子来说明。

在家里，儿童通常对电视上的广告特别感兴趣，当屏幕上闪过一个吸引人的玩具时，孩子可能会说："妈妈，给我买这个玩具！"

作为妈妈，您会怎么做呢？

您可能装作没听见，或者当场拒绝孩子的要求，对吗？

我们认为，此时正是让孩子学习商品与消费、价格与价值、广告与产品等概念的机会。通过日积月累的交流，妈妈的引导就会对孩子的价值观产生影响，而价值观关系到孩子一生的生活幸福。

下面，我们再举一个例子。

当学校的班主任倡议为某一位家里突然有经济困难的同学进

行慈善捐款时，作为家长，您会如何反应呢？有的家长马上会给孩子一些钱去捐款，有的家长鼓励孩子捐出自己的零用钱，有的家长告诉孩子不要多管别人的闲事。

我们认为，家长的一言一行都会对孩子起到潜移默化的作用。等孩子长大后，如果家长有困难需要帮助，孩子会根据小时候形成的价值观去行动，成为孝子或者"啃老族"。

总之，我们所谓的家庭财商教育不是对孩子没完没了的说教，也不是送孩子进培训班或者玩游戏，而是家长在不知不觉中对孩子的引导，以及孩子在日常生活中的观察学习和行动实践。因此，家庭财商课对于家长和孩子同样重要。

四、专门给中国妈妈的财商课

基于我本人在金融行业近三十年摸爬滚打的经验，结合佰特教育十多年在儿童财商教育方面的理论研究和课堂实践，我们共同首创了专门帮助中国妈妈教育孩子的财商课程，利用佰特教育独创的"钱魔方"六大模型，选取了 17 个让中国家长感到困惑的方面进行由浅入深的分析，同时提供可以操作的解决方案。在学习方式上，我们将抽象的教育方法转变为具体的生活场景，让您不仅能理解财商教育体系，快速学习国际化标准的家庭财商教育内容，还能借鉴其他妈妈学员的真实案例，帮助您正确、有效、有趣地跟孩子交流思想，共同提升家庭的财富知识和理财水平。

从小学到初中，孩子从懵懂的小孩逐渐蜕变成独立思考的青少年，实现智力和认知能力的大飞跃，性格和基本人格也在这一时期里成型。如何才能帮助孩子顺利度过这至关重要的 9 年，是中国父母最关注、最困惑的问题。因此，我们首先对上百位家里有小学生和初中生的妈妈群体做了问卷调查，了解她们最想学习和最感为难的问题是什么。我们从中整理出提到最多、最有代表性的 17 个问题，作为这套课程的讲解内容。

为了消除大家认为财商教育高不可攀的"敬畏"心理，我们采用每一节课解决一个问题的办法，帮助大家厘清思路，同时辅以家庭财商主题故事或者家庭游戏，让妈妈们在游戏中轻松地掌握正确的儿童教育方法。

显然，这套课程的主要内容是针对**家里有 6 ~ 16 岁孩子的妈妈群体而写的**。当然，我个人认为，课程的内容对于其他的人群也同样有启发的意义。当您学完并实践了这 17 节浅显易懂的家庭财商课程以后，我相信，您可以与孩子建立亲密的亲子关系，而且，您还能亲自帮助孩子与财富建立友好关系，让您的孩子成长为独立自律、内心富足、生活幸福的人。

这难道不是作为妈妈最值得骄傲、感到幸福的事情吗？

目 录

理念篇

实践篇

总结篇

理念篇

第 **1** 章
财商教育在"教"更在"育"

第01课

到底什么是有钱人

这一课，我跟大家分享的主题是：当孩子问什么是有钱人时，妈妈该如何回答?

几乎每个妈妈都会被孩子问到一个敏感的问题："妈妈，到底什么是有钱人?"那么，您该如何回答呢?

先跟大家讲一个小故事。

陈女士为了给学习成绩优秀的女儿佳佳提供一流的成长环境，把女儿佳佳送进了一所收费不菲的国际学校读书。她发现，这个学校的学生都来自非富即贵的家庭，有些家长还是社会名人。能让女儿进入这样高端的社交圈，哪怕家里人都省吃俭用，也让陈女士感到幸福，觉得平时她上班再苦再累也值了。

一天，陈女士去接女儿放学回家，发现平时活泼可爱的佳佳变得情绪低落，一进家门就躲进自己的小房间里伤心地哭起来。她问女儿："今天学校里发生了什么不愉快的事情吗？"原来，佳佳发现每年放寒暑假的时候，班上同学的爸爸妈妈都带孩子出国旅行、学习，而她却总是在家里陪爷爷奶奶。佳佳问妈妈："为什么我们没有出过国呢？"陈女士突然变得很难过，她对女儿说："佳佳，我们不是有钱人啊。"佳佳抬起头问妈妈："什么是有钱人？爸爸妈妈你们都是名牌大学毕业，在大公司上班可以挣好多钱，为什么我们不是有钱人？"佳佳还说，等她长大后一定要当有钱人，就可以出国玩儿了。

面对女儿的问题，陈女士一时竟回答不上来。她想，家里的钱去哪儿了？挣多少钱才算是有钱人？像她这样的工薪家庭，夫妻两人每月的工资加起来超过 5 万元，在上海有房有车，她到底算不算有钱人呢？可是，她马上想到，每月要还银行近 2 万元房贷，家里上有老下有小，扣除了全家人日常必需的各种消费后，所剩下的就不到 1 万元了，所以，她的日子还是需要精打细算地过。如今，物价一直在上涨，银行的利率却越来越低，不知道现在每月的存款够不够将来孩子出国读书的那一大笔学费，要存多少钱才能保障孩子将来的生活水平不会下降呢？

当孩子问"我们是不是有钱人"的时候，中国家长常常不知道该如何回答。我们先来看看有钱人的标准到底是什么。根据相关资料，在美国，按照家庭年收入计算，5 万美元是中产阶级（相当于每年收入约 35 万元），年收入 50 万美元以上就算富人了（相当于每年收入约 350 万元）。而在中国，净资产 350 万元只算中产家庭，净资产 2500 万元以上才算富人。可见，对有钱人的定义，到底是看家庭净资产、年收入，还是看现有的生活方式，各国、各地、各家机构的标准并不统一。难怪家长不知道该如何回答孩子的这类问题。

其实，陈小姐对财富和生活的焦虑，也代表了当下中国妈妈的普遍心理。首先，中国家庭的财富数字在不断增加，与此同时，财富价值缩水的速度也快到无法想象。1998 年，如果您有 100 万元资产就算富人了，似乎可以一辈子衣食无忧；然而据广发银行和西南财经大学发布的《2018 中国城市家庭财富健康报告》，我国城市家庭资产规模快速增长，2017 年已达到 150.3 万元，资产在 10 万元以下的家庭就算"穷人"了。其次，中国家庭的财富 70% 被房子占用了，用于改善家人生活质量的日常消费严重不足。另外，虽然截至 2017 年年末，中国家庭部门各种类型金融资产（不包括房产）约 140 万亿元，平均每个家庭的金融资产有 32 万元，但是从结构数据来看，全部家庭金融资产中现金和银行存款占比 50%，低风险、低收益的偏多。同时，在中国家庭的金融资产中，养老保险类资产仅占 10.5%，这意味着，中国的家庭普遍缺乏未来的生活保障。[①] 这样的家庭资产结构大大降低了中国人生活中的安全感。我在深圳、上海和香港从事银行和投资理财工作时，每天都跟金钱背后的中国人打交道。我发现，几乎所有人除了担心自己退休后的生活质量之外，更想知道如何才能保障自己的孩子无忧无虑地成长。那么，如何保障孩子的健康成长和未来的生活质量呢？我们认为，中国的经济发展已经满足了人们的基本物质生活需要，那么，一个人的生活质量就取决于他对世界的看法。我们知道，儿童从小对世界充满了好奇，他们对于富有和贫穷、勤奋和懒惰等概念的理解，都直接影响到他们的生活观念。如果因为家长自身的原因，造成孩子对金钱和财富有偏见的话，这不仅会影响孩子对待社会的态度，也会影响孩子跟家人的关系；另外，即使家长有正确的价值观，如果用了不恰当的教育方法，也可能让孩子对财富产生依赖感或者挫败感，从而导致孩子长大后无法独立生活，无法承担社会责任。因此，我们身边有越来越多的家长开始意识到，从小培养孩子对

[①] 数据来自张斌：《140 万亿家庭金融资产何处安放》，2018 年 8 月 18 日，财新网：http://opinion.caixin.com/2018 - 08 - 18/101316453.html，访问日期：2019 年 10 月。

金钱的认识和思维方式对于提高孩子未来的生活质量十分重要，但是这些家长们不清楚应该怎么做，也不知道在哪里可以找到合适的家庭财商课程。

在生活中，令大多数家长感到困惑的是看似十分熟悉的问题：应该在几岁时开始跟孩子谈钱？压岁钱应该上交父母还是让孩子自己管理？平时应该给孩子多少零用钱？孩子帮妈妈做家务该不该给报酬？要不要跟孩子谈房产和股票？孩子考了高分是否可以用钱奖励？孩子犯了错误要不要用钱惩罚？等等。

虽然家长们平时可以从各种网站上找到答案，但是，当在实际生活中遇到孩子提出的问题时，家长们还是感到心里没底，也不知道具体该怎么做。

显然，问题在于，上述的家长们思维里存在一个理解误区，以为儿童财商教育就是教小孩子如何赚钱、如何理财的各种方法。实际上，我们认为，儿童财商教育课形式上重在"教"的内容，核心却在"育"的过程。因为，财富不仅仅跟金钱有关，它涉及人生的方方面面，看似简单的儿童财商教育，在深层次上涉及的是对儿童的个性、追求、目标的培养，以及品格和责任的养成。

下面，我们先来谈谈关于"教"的方面。我们注意到，一般来说，家长在教育孩子的时候有三个误区。第一，家长以为孩子的教育一定是在课堂上，他们认为把孩子送去各种补习班上课，就完成家长的任务了。其实，家庭教育对于儿童的习惯和价值观形成更为重要，我们建议，家长应该在日常的细节中 "不经意" 地教，让孩子在生活的行动和体验中学。第二，面对儿童提问，家长常常习惯将自己认为的 "正确答案" 直接告诉孩子，这种做法的结果往往是让孩子失去独立思考的能力，将来面对生活中的不同机会时不知道如何做出选择。我们建议，家长应该更多鼓励孩子自己思考问题，多跟孩子讨论，帮助孩子得出自己的答案。第三，当孩子问家长 "为什么" 时，家长往往以自己的生活经验来进行解答，却发现孩子很难接受家长的意见。这是因为，孩子的思想还没有被社会 "染色"，所以跟大人的思考角度不一样。我们建议，当孩子问到关于金钱和财富的问题时，比如，家到底有多少钱，什么时候可以去度假，为什么别人住在更大的房子里等，家长要尽量克服自己对此类问题的不舒服情绪，不妨先高兴地肯定孩子提出了一个好问题，然后带着鼓励的语气问孩子："为什么你会问这个? 你认为呢?" 这样将促使孩子自己思考是什么、为什么和怎么办。

在 "教" 的方法之外，我们更强调财商教育的核心是 "育" 的过程。我们认为，家长要熟悉孩子所认知的世界和交流方式，才能跟孩子进行有效的沟通。比如，在讨论关于穷人和富人的问题时，我们建议妈妈们不要用具体的数字来定义财富，不妨借用《王子与贫儿》《穷人和富人》等童话故事，帮助孩子理解造成贫富差距的原因，理解穷人和富人的区别不仅仅是拥有金钱的多少，更在于自己的生活是否快乐等。妈妈也可以进一步引导孩子对人生的思考，不论生在穷人家还是富人家，做人都要有一颗感恩的心，努力工作就能带来财富；更重要的是，财富的价值不在于积累金钱的数量，而在于能给自己和别人的生活带来多少好的改变。

　　一个人从小对待金钱的态度和习惯，往往反映出他长大成人后对待生活的态度和习惯。因此，财商教育带给孩子的，不仅是学习金钱的经济概念和管理技能、树立合理的消费观、理解富有的真正含义，更重要的是通过妈妈主导的家庭实践，让孩子养成对待金钱和财富的良好习惯，给孩子的内心带来安全感，培养孩子做出选择、承担风险的能力与勇气。另外，家庭财商教育能够提前让孩子学习和了解商品社会的基本规则，培养其自立、诚信、负责的价值观，为孩子将来进入社会做好准备。与此同时，在教育过程中，妈妈不仅培养出一个自信、快乐、智慧的孩子，而且建立了更亲密的亲子关系，还有什么比这更美妙的呢？

☀ 主题故事：我们都爱刷刷卡

　　金璨璨最近迷上了小马宝莉，常常吵着要妈妈购买周边商品，例如：贴纸、布娃娃、自动铅笔、垫板、衣服、笔等。每次一有小马宝莉新的广告商品出现，金璨璨便目不转睛地盯着看，并且要爸爸妈妈买广告里的商品给她，这样的行为造成了爸爸妈妈极大的困扰。有一天，爸爸妈妈带着金璨璨逛书店时，金璨璨又发现有新的小马宝莉商品，就吵着要爸爸买，但爸爸以身上没钱为理由拒绝了金璨璨的要求，没想到金璨璨却说："钱，去刷一下不就有了吗?"

　　想一想：

　　家长通过提问，引导小朋友们思考并了解金钱是父母辛苦赚来的。

　　（1）各种生活用品和玩具是怎么到家里来的呢？

　　（2）针对故事，请小朋友说一说：金璨璨的想法有没有问题呢？

♥ 实践游戏1：家中谁有钱

　　家长通过引导，让孩子自己把家庭中钱的来源讲清楚。

　　（1）家长准备两张 A4 纸和 1 盒彩笔，根据家庭人数裁剪成规则的纸片。

（2）家长引导小朋友在纸片上面画出或写出家庭成员的名字，并标注出他（她）的称谓。

（3）家长引导小朋友选出家中谁有钱，并用彩笔在上面做好标记。

（4）请小朋友思考：为什么他（她）有钱，他（她）的钱是从哪儿来的呢？

▶ 实践游戏2：我能赚钱啦

通过亲子共玩财富魔法兔子桌游，家长引导孩子思考钱从哪里来，让孩子思考钱的来源途径。

（1）家长和孩子根据游戏说明书上的获胜条件进行体验，如果孩子太小或者第一次体验建议获胜条件设置成与本次引导主题相关的简单目标，例如获得1张存款凭证和现金300元。

（2）达到获胜条件后，家长要引导孩子列出存款凭证和现金300元在游戏中是如何赚来的，一方面让孩子体验手里有钱的感觉，另一方面让孩子思考钱的来源途径。

扫码关注
魔法兔等你来

（3）家长记录孩子列举的途径，同时引导孩子了解不同途径背后的赚钱方式。比如兔子集市，卖兔子可以赚到钱；钱存在银行，会有利息等。

思考题

财商教育是关于金钱还是关于思想？

第 02 课

发现你的财商教育方式

现在，越来越多的家长意识到从小培养孩子财商的重要性，却不知道应该去哪里才能找到好的课程。这一课，我跟大家分享的主题是：如何开始给孩子进行家庭财商教育？

我们都知道，家庭是孩子的第一所学校，父母是孩子最好的老师。随着孩子一天天长大，他们提出的问题也越来越敏感。当被孩子问到与钱相关的问题时，大多数家长会感到不舒服，原因各有不同。有的家长是因为自己平时没有在这方面的思考，怕回答不出孩子的问题有失家长的尊严；有的家长觉得金钱涉及家庭情况的隐私，不方便与孩子谈这个话题；还有的家长因为自己的理财能力一塌糊涂，恰好被孩子问到痛处而恼羞成怒。所以，在中国，家里人往往回避谈钱的事情，家长也很少主动与孩子谈钱是如何用掉的，避免在孩子面前谈与赚钱有关的话题；当然，也有很多开明的中国家长知道，应该更早地对孩子进行财商教育，但苦于自己对于财富的概念很模糊，万般头绪真不知道从何处着手。

有朋友说：我是搞技术工程的，不懂经济学的知识，对投资领域也不熟悉，所以，对孩子的财商培养我无能为力，你是金融方面的专家，你来帮我教教孩子吧。有些家长则不惜花大价钱，送孩子去培训班学习理财和炒股票。其实，这些家长对财商教育的概念都有误解。

我们认为，财商教育的内容形式是关于经济方面的知识，其核心是关于价值观的教育，是培养孩子学习耐心、自律、坚持、分享、感恩的过程。

财商教育不同于学科教育，其重点并不在于学习财经素养和理财技巧，因此，并不需要让孩子跟随财经专家或名师学习。只要有耐心，并且愿意尝试，任何妈妈按照我们所设计的 17 节课程的指导和练习，都可以胜任自己孩子的家庭财商教育导师这一角色。家长想培养孩子的财商，也不像大多数人认为的那样困难，家长不需要具备很多金融专业知识，只需愿意在孩子身上花费时间，耐心地倾听孩子的问题，克制自己总想给出"正确答案"的冲动，让孩子自己去摸索和总结。妈妈需要做的事情，就是引导孩子发现问题、提出问题，并且跟孩子共同探索问题的原因和结果，在轻松愉快的交流之中，不知不觉地培养孩子的判断能力和思维能力。

万事开头难。那么，一位睿智的妈妈如何开始行动呢？现在，我们一起开始家庭财商教育的第一步——发现适合自己的财商教育方式。

让我们一起想象一个场景。

晚饭后，一家人照常到外面散步。去哪儿呢？附近有一个热闹的商场，我们就一起去那里逛逛吧。

来到商场以后，孩子突然对一件玩具爱不释手，怎么说都不肯走了，哭着闹着非要家长帮他买不可，否则就不回家了。

请问：这个时候，作为妈妈，您会怎么办？

我们提供几个选项，请大家想一想，自己会选择哪一个。

（1）直接告诉孩子："太贵了！家里没钱，买不起。"

（2）表情严肃地回答孩子："不买！"

（3）友好地答应孩子："你想要，那就买吧。"

（4）告诉孩子："这东西的性价比不高，根本不值得买。"

您会选择上述的哪一个回答呢？

我相信，每一位妈妈都有自己的选择。以上这些答案，各自代表了一种财商教育的类型。下面，让我们来分别详细地了解一下这四种类型。

第一类妈妈，我们叫作"老鼠型"，也叫"哭穷型"。

这一类妈妈还会说："孩子，爸爸妈妈赚钱很辛苦，买不起这么贵的玩具，忍忍吧，别买了。"不是吗？

也许是出于害怕孩子乱提要求的心理，这类妈妈给孩子的信息是"我的生活不富裕，所以要格外节俭"。

这类妈妈的出发点固然可以理解，但是，家长对孩子"哭穷"真的是一种好的教育方式吗？对孩子"哭穷"，表面上看，会让孩子们懂得体谅父母，明白金钱来之不易，让他们树立理性消费和节约的意识，可惜这种方法的效用并不长。如果某一次家长给家里买了一件贵重的东西，孩子难免对妈妈所说的家里不富裕产生怀疑，长此以往，孩子就会怀疑：我们家是不是真的这么穷？我在家里是不是想要的东西都得不到？

这种方法的另一个害处在于，妈妈如果从小把"贫穷"的种子种进了孩子的心里，孩子就会变得对钱格外敏感，不由自主地思考：为什么我就比不上别的小朋友？甚至可能陷入自我怀疑当中，日积月累，孩子也许会变得自卑、抠门，甚至性格压抑。显然，这些都不利于培养孩子正确的财富意识，更不利于他们身心的健康成长。

第二类妈妈，我们叫作"老虎型"，也叫"压制型"。

"虎妈"希望通过强迫性的"穷养"压制孩子的任性消费，

以此磨炼孩子的意志。当孩子很想买一款玩具时，不论这个玩具的价格是贵还是便宜，不管自己的家庭是富有还是贫穷，"虎妈"都会一律拒绝孩子的要求——"不行，你看你都有多少玩具了？不能买，没有商量的余地！"

诚然，不少被"虎妈"们粗暴地"穷养"的孩子与同龄人对比，会表现得相对乖巧、懂事，他们不会有过多无理的需求，而是更加独立，懂得珍惜来之不易的幸福。可是，这一类被"穷养"的孩子也暴露出很多问题，下面举一个例子。

　　我的父母从小给我灌输节俭的思想，除了吃饱穿暖、读书学习，其他的所有花费都是没有必要的。所以，小时候，我看到自己喜欢的玩具从不敢向父母开口，长大以后，即使我拿了百万高薪，仍然不敢按照自己的愿望生活。过去，我认为，自己应该努力赚钱，不应该享受美好的物质生活，所以，我很喜欢送别人礼物，给别人用钱的时候很大方，一旦花钱在自己身上就会觉得内心愧疚。同时，因为害怕自己得不到好的东西，所以，我还喜欢收藏和过度囤积东西，造成更大的浪费。这些习惯，都跟小时候父母对我的"穷养"有关。在意识到这个问题的严重性之后，我费了好大工夫才慢慢改变了这种"当穷人"的心理。

中国的传统文化提倡节俭，父母"穷养"孩子一般被视为家庭的美德。但是，如果我们从孩子的成长角度来看，也许会有不同的发现。一方面，和"老鼠型"哭穷式教育一样，"虎妈"的"穷养"可能会让孩子在变得优秀的同时，也变得自卑和敏感，面对好的东西和机会时，他们也想要，但是觉得"自己配不上"，不敢大胆去追求；面对别人拥有的高品质生活，他们可能因为比较而产生嫉妒，从而带来职场上的竞争，甚至婚姻里的伤害。中国人经常被看作是只会工作，不懂得享受生活的人，跟我们从小被父母"穷养"也有关系。

另一方面，"虎妈"的教育方式过度地压抑了孩子的真实需求，有可能会让孩子怀疑爸爸妈妈对自己的爱，从而产生逆反心理。这样的孩子一不小心就会"心理扭曲"，长大后处处与父母作对，甚至到社会上以后做出犯法的事。那不是与父母们的初衷事与愿违吗？

第三类妈妈，我们叫作"熊猫型"，也叫"宠爱型"。

这类妈妈一般会直接答应孩子的所有要求，无论孩子想要什么，"善良"的妈妈都不忍心拒绝，孩子想要玩具，哪怕家里已经有很多了，哪怕家长手头拮据，也要尽力满足他们。这就是我们常说的"富养"。

"富养"是一种颇受中国家长争议的教育方式。支持富养的

家长认为，我们这一代人吃的苦够多了，不能再让孩子吃苦，于是，他们尽自己最大的努力，保证自己的孩子能过上无忧无虑的生活。"再穷也不能穷孩子！"这是当今不少中国家长奉若至宝的"名言"。

此外，"富养"孩子的家长很舍得在孩子的教育上投资，不管孩子喜不喜欢，家长都要花钱送他们去补习班学各种技能：奥数、钢琴、绘画、足球，等等。我相信，富养的孩子是幸福的。因为，他们从来不用担心钱的问题，想要的几乎都能得到满足，遇到的挫折也有父母帮忙解决，还有机会学到比别人更多的知识和技能。

然而，并不是所有"富养"出来的孩子都是成功案例。我看过这样一则新闻。

在上海的街头，一个女孩子当着所有人的面对一位环卫工人拳打脚踢，那个环卫工人正是女孩子的母亲！原来，这个女孩子已经大学毕业多时，却一直找不到工作，长期在家"啃老"。可怜的母亲在退休后还要继续挣钱供养女儿，这一次，因为母亲的工资发晚了，一时拿不出钱来，这个女儿就对母亲拳脚相向！有人采访了这位母亲，才知道，原来这位母亲一直相信要"富养女儿"的道理，她从小对女儿的要求都无条件答应，舍不得让女儿吃一点儿苦。可是，这位妈妈没有想到，自己竟然"富养"了一只白眼狼！

被"富养"的孩子们往往都有相似的问题。

（1）因为没有吃过苦，他们抗挫折能力低。

（2）因为一直被宠爱惯了，他们缺乏责任和担当。

（3）因为长期活在父母的保护伞下，他们看不到真实的世界是什么样子，所以思想幼稚而不知感恩，在他们的眼里，只要是想要的一切，理所当然就应该得到。

第四类妈妈，我们叫作"蜜蜂型"，也叫"说教型"。

"蜜蜂妈妈"总是倾向于把自己的生活经验直接告诉孩子，并且希望孩子接受，避免孩子走弯路。她会不停地在孩子耳边"嗡嗡嗡"地说："孩子，你听妈妈的没错，妈妈走过的桥比你走过的路还多，尝过的盐比你吃过的饭还多，你要买的这个东西不好，又贵又难看，所以不要买了，妈妈一切是为你好，回去妈妈给你做好吃的……"大家听到这样的话，是不是觉得很熟悉？再想一想，您是不是也曾经这样对孩子"说教"过呢？

"说教式教育"最大的问题在于，由于孩子的逆反心理或者社会经验不足，无法对说教的内容感同身受，孩子接受不了父母的想法，父母的说教变得很"鸡肋"。所以，如果妈妈跟孩子谈幸福感、边际效应、节约意识，这些抽象的概念对孩子而言会显得十分无聊、枯燥乏味，因为他们对这些词汇没有切身感受，只会觉得云里雾里，即使懵懵懂懂地顺从了父母的意见，也只是在表面上"听从"，内心并没有真正接受。

"说教型"的教育方式，一方面会导致家长代替孩子思考，限制了孩子的思考能力和做决定的能力，孩子无法得到独立生活的锻炼；另一方面会给家长造成孩子"很听话"的假象，其实，孩子内心可能压根儿不认同，只是碍于父母的权威，"假装"听从罢了。

以上四种，是在佰特教育财商课堂交流中比较常见的类型，相信其中包括了在您身上经常发生的情形。您不妨对号入座，看看自己和身边的妈妈朋友属于"老鼠""老虎""熊猫""蜜蜂"中哪一种教育类型。

当然，我相信，肯定有聪明的妈妈在用更好的方法教育自己的孩子。

下面，我跟大家分享一种新的模式，我们称为"导盲犬型"，也叫"引导型"。

先来看一个故事。

一天，宋老师的女儿回家后告诉她，自己在学校门口的商场里看上了一款特别漂亮的芭比娃娃，一定要妈妈去买回家。宋老师并没有马上答应，也没有马上拒绝，而是先问女儿，为什么特别喜欢这一款娃娃。女儿的回答是，好多女同学都买了，而且娃娃真的很漂亮。于是，宋老师陪女儿来到商场，看到那款芭比娃娃后，她觉得，这娃娃其实和家里的其他娃娃没什么区别，而且售价不菲。宋老师把自己的看法坦白地告诉了女儿，并表示她不赞成买这个娃娃，如果女儿真的非常喜欢这个娃娃的话，可否想想用别的办法来满足自己的小心愿。"比方说，你可以向同学借回家玩几天，或者，也可以自己存钱把她买回家……"女儿思考片刻，最后决定还是想把漂亮的芭比娃娃买回家。买娃娃的钱从哪里来呢？"攒钱！"女儿说，她可以每周少吃一支雪糕，少买一本漫画书。

宋老师对女儿表示了赞赏，因为女儿开始有储蓄的意识了。回到家里，宋老师马上帮女儿做了一个漂亮的存钱罐，还把女儿想买的娃娃拍了照片贴在罐子外面。接着，宋老师又帮助女儿制定了一个存钱计划，从此以后，她跟女儿一起盼望着，早点攒够钱去买那个漂亮的芭比娃娃。

宋老师的故事有没有让我们得到一些启示呢？面对女儿突然

提出的需求，宋老师首先做到了尊重与倾听，既没有不理不睬，也没有一票肯定或否定，而是耐心倾听了孩子的想法，询问孩子为什么想买这个娃娃。在得到孩子的回答后，她没有急着替孩子做出买或不买的决定，而是帮助孩子做分析，在她的引导下，女儿做出了自己的决定：要买娃娃。随后，宋老师又想办法帮助女儿省钱、攒钱……经过这一次"买娃娃风波"，女儿不仅有了储蓄意识，懂得了延迟满足的重要道理，而且她还相信一点：妈妈永远都在支持自己的决定。

宋老师的做法就是引导型教育方式，核心是尊重孩子的感受，倾听孩子的想法，让孩子自己动脑筋思考、独立做出决定。这样的做法把主动权交在孩子的手里，父母的责任在于陪伴孩子一起思考、一起决定、一起进步。

好了，以上，我们一共讨论了五种不同的财商教育类型，以及不同的教育方式会带来怎样的结果。

请您想一想：哪一种是您的孩子乐于接受的方式呢？

发现属于自己的教育方式，这是家庭财商教育的第一步，也是最重要的一步。您明白了吗？

❋ 主题故事：便宜的小汽车

买德启有一个神秘的储蓄宝盒，每次剩余的零用钱，他都会放在储蓄宝盒里，储蓄宝盒里差不多有 80 多元。有一次，买德启在商场看到了一个小汽车玩具，他很想买。他说，这个价格很便宜。妈妈问为什么说这个很便宜，他回答说，因为只要 40 元。那时候，买德启认为储蓄罐里的钱足够买两辆小汽车。

这个衡量标准，是买德启以自己的购买力来衡量的相对价格，贵还是不贵。这是很多孩子对一个商品在价格上的初步判断。

想一想：

通过提问，引导孩子针对最近他（她）想要的一件商品，一起讨论这件商品是贵还是不贵，进一步了解孩子对于商品价格的判断。在具体提问的时候，可以将"商品"替换成具体的商品名称，如"芭比娃娃"。

（1）为什么你想要这个"商品"？

（2）你认为这个"商品"值多少钱？

（3）你认为这个"商品"是贵还是便宜？为什么这么说？

实践游戏：发现孩子的决策模式

通过亲子共玩财富魔法兔子桌游，家长观察孩子的决策模式，从而根据不同的决策模式针对性地进行引导。

（1）如果孩子已经玩过此桌游，建议本次家长和孩子根据游戏说明书上的获胜条件进行体验。

（2）在正式开始体验的时候，家长给每个孩子发放创业资金300元，然后让孩子选择购买几只兔子，从这个决策过程来观察孩子的行为。比如，总是购买10只以上还是3只以下。家长可以多问一句："为什么你购买了这么多兔子？""为什么你购买了这么少兔子？"从而发现孩子的风险偏好。

（3）在正式玩的过程中，孩子会沉浸其中。家长不要过多地干涉，应及时地记录孩子在游戏过程中的选择。

（4）最后，家长通过记录选择项来和孩子讨论，从而有针对性地指引，比如，"如何合理地进行风险管控" "先买必需的，再买想要的"等。

扫码关注
魔法兔等你来

思考题

您属于哪一种类型的妈妈？

实践篇

第2章

钱魔方的花钱艺术：如何教孩子理性消费

第03课

面对乱花钱的孩子怎么办

在中国，妈妈很少主动跟孩子谈钱，即使是不得不谈这个话题的时候，也都格外小心谨慎。有些妈妈担心，如果经常谈钱的话，将来孩子可能会变得会算计；有些妈妈认为，家里经济不宽裕，不跟孩子谈钱孩子就不会乱花钱；有些妈妈从来不让孩子接触钱，也不回答孩子关于钱的问题，反正家里的一切开支和消费都由自己亲手安排和掌控。

尽管如此，每个孩子天生对于钱都有好奇心，随着自我意识的发展和竞争意识的增强，即使父母在家里不谈，孩子也会在网上或者在学校里向其他人打听和比较，比如，同学之间一定会相互比较谁家的房子大、谁家的车子新、谁家的玩具多、谁家的爸爸最有钱。同时，几乎所有的孩子看到喜欢的东西都会想立刻拥有，如果家长不让买，有些孩子就会大哭大闹。

因此，家长要尽早跟孩子"谈钱"，而跟孩子"谈钱"的关键，是引导孩子理性消费。您知道自己的孩子平时把钱花在哪些地方吗？您认为孩子消费的方式会受谁的影响？如果孩子从小养成了乱花钱的习惯，您会怎么办？

我的邻居陈女士向我吐槽她的儿子乐乐，从上幼儿园开始，每年新学期乐乐都要买一个崭新的德国品牌书包，四年级马上要开学了，明明家里已经有好几个书包还可以用，可是他偏要妈妈再买一个今年的最新款，价格都在千元以上。学校里组织同学们春游，老师要求每个人自带零食，乐乐呢，居然大方地"请客"，给全班每个同学都买了他自己爱喝的果汁饮料；春节期间，乐乐从爷爷奶奶和亲戚那里能收到 5000 多元压岁钱，他很快就把钱花光了，就是不记得给家里人买礼物……陈女士和先生一起经营着一家家具公司，家庭收入不差，但也算不上富裕人家，平时夫妻俩做生意很忙，所以周末和假期总想满足儿子提出的要求，尽量让孩子过得无忧无虑。最近，陈女士开始感到很不安，她发现乐乐小小年纪花钱越来越阔绰，这可不是一件好事啊。于是，她决定第一次跟儿子面对面谈谈关于钱的问题。"乐乐啊，爸爸妈妈上班赚钱不容易，你应该节约些，以后不能这么'买

买买'了。而且你看，你买的都是一些不必要的东西。"乐乐听了妈妈的话，理直气壮地问："爸爸妈妈做生意不是赚了好多钱吗？赚钱不是为了让我们买东西吗？手机里面有钱，为什么要节约呢？什么是必要的东西？我看见妈妈平时买进口化妆品也花很多钱，为什么我就不可以呢？再说了，学校里的其他小朋友也是这样'买买买'的呀……"一连串的问题抛出来，把陈女士问得哭笑不得。

陈女士跟我说，她担心乐乐从小花爸爸妈妈的钱习惯了，大手大脚不懂节制，肯定存不下钱，长大后怎么能独立生活呢？将来他会不会成为"啃老族"？

陈女士对儿子的担心不是没有道理的。对心智还没健全的孩子，如果家长不注意引导，就可能使他们养成一些不良的消费习惯，这样的孩子长大后一般都没有节约和存钱的意识，而是追求"今朝有酒今朝醉"的消费方式，没钱就向父母伸手。谁能保证这样的孩子将来不会贪图享乐，成为"啃老族"呢？有一部热播的电视剧叫《都挺好》，里面的苏明成这个角色让人记忆犹新，一个四肢健全、人高马大的男人却成天向父母要钱花，完全没看见父母为了他节衣缩食的样子；甚至，在父亲苏大强的账本面前，他仍旧执迷不悟，根本不认为自己做错了什么。

不过，我们需要先定义一下，到底什么算乱花钱。根据财商教育的理论，如果在理性地区分了"想要的"和"必要的"东西的基础上，在本身能够承担的经济能力范围内，花钱满足自己真实的物质欲望，提升生活的幸福感，这是无可厚非的行为，应该鼓励。但是，如果一个人见什么都想要，买什么都要最贵的，那说明，第一，他并不知道自己究竟需要什么。第二，他不懂得在做决定时需要控制自己的情绪。第三，他想通过占有的行为，来满足虚荣或者自卑的心理需要。在这种情况下，就需要进行理性的干预了。

孩子为什么会乱花钱呢？

其实，从上面陈女士母子的对话中，我们不难发现，很多像乐乐一样的孩子，花钱大手大脚习惯的养成都有以下几个方面的原因。

第一，我们看到乐乐问妈妈这样的问题："爸爸妈妈做生意不是赚了好多钱吗？赚钱不是为了让我们买东西吗？手机里面有钱，为什么还要节约呢？什么是必要的东西？"这说明，乐乐对金钱是怎么"生出来"的并不清楚，不知道上班赚钱是辛苦的，而且以为爸爸妈妈只要上班就能赚钱。其实，很多成年人也像乐乐一样，一方面因为缺乏基础的财经知识，不知道钱的来源和去

处；另一方面因为缺乏区分想要的与必要的等财商思维训练，导致大量冲动消费（尤其是在网上消费时，人们更容易冲动花钱），造成了"月光族"现象。不少都市的白领长期面临生活拮据的压力，大大打击了他们独立生活的自信心。

第二，我们看到乐乐说："我看见妈妈平时买进口化妆品也花很多钱，为什么我就不可以呢?"也许，陈女士认为家里的大人随便怎么花钱都是应该的，但是小孩子不能乱花钱。可是，她没有想到，家长的日常行为无意中给孩子树立了一个"榜样"。目前，在中国的学校里缺乏完整的财商教育，孩子的消费习惯大多是在家中慢慢养成的，中国妈妈一般是掌管家庭财政大权的人，因此，中国孩子的消费习惯受妈妈的影响也更大。如果妈妈在生活中花钱大手大脚，不懂得节制，不区分想要的和必要的，孩子自然会沿袭同样的消费方式，乱花父母的钱也不懂得心疼。

第三，孩子的行为方式不仅会受到来自家庭的影响，外界环境的影响也是巨大的，尤其到了小学高年级和初高中阶段之后，孩子会更多地受到来自同伴的影响。比如，还是用上面的例子，乐乐说："学校里的其他小朋友也都是这样'买买买'的呀。"如果孩子看到身边的父母、亲友、同学都花钱如流水，当然会认为自己也可以这么做。

第四，这样的影响也可能来自整个社会。如果整体的社会风气奢靡、拜金主义盛行，那么，一个心智还没有健全、辨别能力还比较弱的孩子，就很有可能受到这些不良风气的熏染。如今是信息时代，社会上存在的各种诱惑也是不可忽略的原因，儿童用妈妈的手机充值玩游戏买装备、看直播…… 别以为这些例子离孩子很远，很可能，孩子在你看不到的地方早已被不良的网络环境"荼毒"了。

没想到竟有这么多影响孩子花钱习惯的因素。其中有一些是我们可以控制的，比如家庭成员的影响；但有一些我们没有办法改变，比如攀比的社会风气和各种不良的消费诱惑。**所以，用心良苦的父母所能做的最好的事情，是努力培养孩子的自控力，提高孩子的判断力，这样才能帮助孩子抵抗商业广告等各种外界的诱惑，做到理性消费。**

如何培养孩子的自控力呢？

下面，我们为您提供几个实用的家庭财商教育小技巧。

1. 让孩子体验赚钱的过程

这个方法主要是针对那些因为对金钱没什么概念才随便花钱的孩子。妈妈可以在家里给孩子制造一些赚钱的机会，比如帮助爷爷奶奶打扫卫生，让孩子体会只有付出才能得到，同时，让孩子体验劳动创造价值的自豪感。会赚钱的孩子，花钱时就会懂得珍惜和权衡。

2. 跟孩子分享一些基本的生活技能

妈妈要教孩子区分"想要的"和"必要的"东西，让孩子明白，在有限的经济条件下，先满足"必要的"，再满足"想要的"。比如，妈妈可以在每周家庭采购之前，和孩子一起列好购物清单，并在清单里注明哪些东西是属于"想要的"、哪些东西是属于"必要的"。在购物时，妈妈要提醒孩子严格按照事先定好的购物清单买东西。

3. 及时对孩子的自律行为给予激励

比如，妈妈带着孩子一起逛超市，当孩子很想买某件衣服或是某款玩具的时候，妈妈可以问："这个东西是你真的非常需要，一定会用到的呢，还是你很想要但不一定需要的呢？"孩子经过思考一定会有自己的判断。这时候，妈妈可以告诉他："如果不是一定需要的话，那我们是不是一定要现在买？你可不可以向别的小朋友借来用一下，或者晚几天再买呢？"交流的次数多了之后，如果一旦发现孩子能够自己思考权衡，有理性消费的意识了，妈妈要及时给予孩子口头表扬，或者买一件小礼物作为奖励。

4. 告诉孩子，钱除了"被花掉"之外，还有更多其他的用途

妈妈平时就要告诉孩子，钱可以存到银行里，也可以用于投

资，用于帮助别人解决困难等。这种应对方式的好处在于，不仅可以纠正孩子乱花钱的习惯，还能教孩子一些基础的财经知识，比如什么是储蓄、投资、捐赠等。

5. 要给孩子机会试错

不经历挫折，不摔几次跟头，人就意识不到自己的问题。可能，孩子在为全班同学买了几次饮料之后，发现花了钱却买不来友谊；可能，孩子在大手笔地买了几件昂贵的物品之后，发现已经没有余钱买急需的东西。这个时候，妈妈再引导孩子思考大手大脚花钱的弊端，孩子有了"切肤之痛"以后就能更好地接受妈妈的意见。

6. 让孩子承担相应的经济责任

一个人只有学会认真对待金钱，才会珍惜金钱、理性消费。从某种角度来说，财商教育的核心目的之一，是要培养孩子树立为金钱负责的态度。比如，当孩子明明知道自己的行为有危险，但是不听劝告，打碎了家里的玻璃杯时，妈妈应该告诉孩子："这个东西是你弄坏的，就需要你自己来承担后果。"当然，关于具体如何承担，妈妈可以给孩子一些必要的支持，跟孩子一起寻找解决问题的办法，但千万不要代替孩子行动，要把承担责任的过程还给孩子。

以上这六种引导孩子的方法，是供妈妈们参考的意见。在生活中，您要根据自家孩子的性格以及家庭经济条件等实际情况，来选择适合自己的教育方法。**我认为，最重要的一个理念是，妈妈一定要给孩子试错的机会，不要因为孩子偶尔的错误就因噎废食，让孩子失去了锻炼花钱的机会。家长的责任是鼓励孩子在错误中学习和成长。**

实践游戏1：发现孩子的决策模式

这个游戏适合4~9岁的孩子，通过简单而有趣的家庭采购游戏，可以帮助孩子认识金钱，学会用钱；帮助孩子在购物的时候区分想要的与必要的，学会做出理性的消费选择。

（1）游戏主题关键词：想要的和必要的，理性的消费。

（2）游戏适合年龄：4~9岁。

（3）游戏所需物料：

➤ A4纸2张，将其中一张对折4次，形成16个小格子并撕开；

➤ 胶水或者胶棒1个；

➤ 铅笔、蜡笔或彩色笔1盒。

（4）游戏步骤：

第一步：情景搭建。

周末，一家人要去超市购买一周的物品。妈妈对孩子说：

"妈妈觉得从今天开始，你可以做妈妈的小帮手了，妈妈特别需要你的帮助，能和妈妈一起制作需要购买物品的清单吗?"

第二步：制作购物清单。

➢ 头脑风暴。妈妈可以和孩子讨论这一周家里需要购买哪些物品，并将这些物品的名称分别写或者画在 A4 纸撕开的小纸片上，每一个格子写一样物品。如果购买的东西比较多，纸不够，还可以再多撕一张纸。

➢ 归类。将需要购买的物品归类，比如食品、生活用品等。此处可以根据孩子的年龄适当细化，比如将食品再细分为饮料、蔬菜、水果等。

➢ 粘贴。将物品纸片按照类别贴到另一张 A4 纸上面，形成购物清单。

第三步：制定规则。

在离家前，妈妈要和孩子约定好这次活动的规则，规则要具体、可实施，保证孩子知道并理解这些规则，并让孩子复述其中一些要点。例如：

➢ 在没有得到允许的情况下，不能随便把货架上的东西取下来。

➢ 孩子必须始终和妈妈待在一起，不能离开妈妈的视线范围。

第四步：一起外出购物。

妈妈和孩子一起挑选清单上的物品，放进购物车里，然后在清单上把它画掉。

（5）游戏进阶：

➢ 游戏场景不限定在去超市购物，还可以是为旅行做准备等。

➢ 对于年龄大一些的孩子，我们可以让他们制定预算，并在购物后核对实际花费是否与预算一致。

➢ 可以在制作购物清单的过程中和孩子讨论哪些是想要的，哪些是必要，想要的物品是否立即购买，等等。

📣 实践游戏2：发现孩子的消费模式

通过亲子共玩财富魔法兔子桌游，家长观察孩子的消费模式，从而根据不同的消费行为针对性地对孩子进行引导。

（1）如果孩子已经玩过此桌游，建议本次家长和孩子根据游戏说明书上的获胜条件进行体验。

（2）在正式开始体验的时候，家长给每个孩子发放创业资金300元，然后让孩子选择购买几只兔子。

（3）在正式玩的过程中，孩子会沉浸其中。家长不要过多地干涉，应及时地记录孩子在游戏过程中的消费行为。

（4）最后，家长通过记录消费行为来观察孩子是否有计划地消费，是看着"别人买他也买"，还是"觉得好玩就买"等。

备注：在消费过程中很重要的一点是，孩子在正式消费前是否有"数一数手里的钱有多少"的动作。如果孩子做了这个动作，说明他已经意识到消费之前要先盘算手里有多少钱了。

扫码关注
魔法兔等你来

思考题

孩子为什么喜欢乱花钱？

第04课

孩子舍不得花钱应该表扬吗

在对妈妈们的调查中，我们发现了一个有趣的事情：有的妈妈学员反映说，她们家小朋友特别懂事，从来都不花一分钱，有这样的孩子真是太幸运了。真的吗？

先跟大家分享一个身边的故事。

一天，我到楼下的五金店买电池，店主张阿姨一脸愁容地告诉我："唉，我儿子眼看就快大学毕业了，一回家就整天整夜打游戏，对什么都不感兴趣，问他将来打算找什么工作，他说不知道；全家出去吃饭，问他有什么喜欢吃的菜，他回答说没有；问他愿不愿意出去旅游，他回答说随便。你说，这孩子是怎么了？我和他爸爸都担心他会不会有心理问题。"我问："将来他赚钱养活自己，应该没问题吧？"没想到，张阿姨的表情更沉重了，她说："我和他爸爸就是担心这一点，怕他将来在家'啃老'啊！因为我家儿子需要什么东西就伸手向父母要，好像我们欠他钱似的。"最后，带着对儿子的骄傲，张阿姨对我说："好在，这孩子从来不花钱，过年过节时亲戚们给的压岁钱、零用钱一直放在银行只存不取，我们就放心了。"听了她的话，我在心里暗自叹了一口气，造成今天孩子对一切事情都采取冷漠态度的原因，家庭教育有一定的责任，孩子的父母欠他一堂关于如何花钱的财商教育课。

张阿姨是无锡人，在小区里开了一家五金店。为了出人头地，夫妻俩平时省吃俭用，坚持把儿子送进了一所重点中学读书，后来，儿子争气地考上了当地的大学。为了让孩子一心一意读书，夫妻俩从来不让孩子关心学习以外的事情，儿子上了大学后甚至还把一星期的脏衣服都带回家给妈妈洗。那么，我想问：从来不花钱的儿子，如何知道家里一个月的生活费用是多少？如果没有用钱的需要，孩子有什么动力在大学毕业后去找工作养活自己？将来他走上社会以后，是否懂得量入为出，管好自己的财务？没有体会过生活的压力，他怎能懂得体谅父母在年老之后赚钱有多辛苦？

有不少人也像张阿姨一样，以为孩子从小不花钱是节俭，

认为孩子懂事、体谅父母。这些父母忽略了一个很重要的人的心理因素：**缺乏花钱刺激的人也没有赚钱的欲望**。尤其是中国的独生子女，从小习惯了免费用父母给的东西，长大以后，往往走向两种极端：第一类人由于无法区别价格和价值，会轻易把家里的钱和东西送出去，容易上当受骗，比如成为社会上非法集资案件的受害者；第二类人则对朋友、家人一毛不拔，甚至以为父母的一切都应该是自己的，比如一辈子在家当"啃老族"的人。

很多家长担心孩子年龄还小，面对诱惑时自控力差，会乱花钱，因此，他们帮孩子买东西、选课程，帮孩子安排假期旅行。孩子从来不知道，原来花钱买到自己精心挑选的宝贝是一个多么开心的过程。**这些父母以爱的名义，包办孩子生活中几乎所有的事情，不知不觉中，却让孩子放弃了做选择和做决定的念头，消灭了孩子的生活乐趣，同时让孩子丧失了独立生活的能力。**

既然父母不能代替孩子吃喝拉撒，理性的父母也不应该代替孩子花钱。**从心理学上考虑，不花钱会让劳动失去乐趣，也会让人失去不断追求幸福生活的动力，从而失去人的存在感和价值感。**

有一位朋友说："我不给孩子零用钱的原因，是怕一旦他买东西上瘾，以后就会经常找我要钱花。所以，我只在让他买东西的时候才给钱，这样就能保证孩子平时手里没钱，就不会养成乱花钱的习惯了。"孩子从小不花钱，长大后就真的不会乱买东西吗？让我们看一看下面这个故事。

　　小黄的父母从小教育他，"没钱的日子可不好过，千万不要乱花钱"。小时候，小黄将压岁钱全部上交给妈妈，从来不花一分钱，所以，他对用钱没有任何概念，如果让他去买东西，看见有不同的价格的时候，他每次都要打电话问妈妈的意见，再付钱买。大学毕业上班后，小黄每个周末都回父母家吃饭，这样可以节省一笔伙食费。但是，朋友聚会的时候他经常抢着埋单，因为他发现，原来花钱的感觉好爽啊！平时，他还喜欢在网上买一大堆打折的用品。但是，当看见自己喜欢的体育器材和电子用品的时候，不管打不打折，也不论需不需要，他都会毫不犹豫地买下。就这样，他成了"月光族"，有时还要伸手向父母借钱。

　　由此看来，从小不花钱的"好"孩子，因为缺乏金钱和价格的概念，长大后也可能变成"月光族"。**无论怎样，在当今社会，"会花钱"是一个人立足于社会的最基本的能力。金钱是用来帮助我们拥有自信和幸福生活的，如果孩子在小时候错过了花钱的体验，造成的心理缺失在长大后会加倍补回来。**

对于从来不花钱的孩子，妈妈应该如何引导呢？

下面给大家介绍一个简单的方法，可以分"三步走"让孩子学会理性消费。

第一，父母要分析孩子不花钱的原因，对症下药。

第二，要让孩子感受自己花钱带来的快乐。

第三，要给孩子钱的支配权，并适当加以消费引导。

具体怎么办？下面，我们来看看妙妙的妈妈是如何做到的吧。

妙妙今年7岁，她存的压岁钱从来没花过。为什么呢？因为爷爷奶奶早就把她需要的东西都买好了。有一天妈妈发现，给妙妙任何东西都不能使她兴奋，新买的玩具她很快就不喜欢了。妈妈问妙妙为什么会这样，妙妙说，想要什么马上可以得到，真没意思！

妈妈突然明白了什么，决定不再给妙妙任何东西，而是让妙妙在需要的时候主动告诉妈妈。同时，妈妈开始给妙妙每周发放5元零用钱，让她自己决定要怎么花。

妈妈还想到了一个好方法，就是在每周去超市采购之前，跟妙妙一起在家里列一个购物清单，然后带她一起去买东西；结账的时候，妈妈把钱交给妙妙，让妙妙亲自把钱交给收银员。果然，与妈妈一起购物使妙妙兴奋极了。回家后，妈妈又跟妙妙商量，母子俩可以一起在社区中做哪些事情赚零用钱。慢慢地，妙妙不仅对钱有了概念，而且觉得赚钱和花钱都是很有意思的事情。放暑假了，一家人决定去旅行，妈妈让妙妙和爸爸妈妈一起制定旅行预算，并给她200元自己支配，购买自己想要的纪念品。

这是一个非常成功的案例。和"乱花钱"的习惯一样，孩子不花钱并没有绝对的对错，家长应该做的是先分析孩子不花钱的原因，然后再对症下药，正确地引导孩子认识金钱的价值，体验花钱的快乐，激发孩子赚钱的动力，进而引导孩子认识金钱与幸福的关系。

📹 实践游戏1：精打细算小当家

这个游戏适合6~9岁的孩子，通过简单而有趣的家庭采购游戏，既可以培养孩子的消费观，又可以培养孩子的家庭责任感。

（1）游戏主题关键词：想要和必要，理性消费观，家庭责任感。

（2）游戏适合年龄：6~9岁。

（3）游戏所需物料：

➤ A4 纸 1 张；

➤铅笔、蜡笔或彩色笔 1 盒；

➤若干零钱。

（4）游戏步骤：

第一步：父母发放零钱。

妈妈说：宝贝，从今天开始，你就可以做妈妈的购物小帮手了，妈妈特别需要你帮忙。你可以帮助妈妈去购买家里所需的物品吗？

第二步：制作购物清单。

妈妈将所有必需的商品及其数量写在 A4 纸上，并确认孩子是否认识列出的必需商品。确认完毕后，告知孩子要代替妈妈去购买必需的商品。

第三步：发放零钱。

妈妈通过简单的计算得出所有必需商品的总价，给孩子的零钱要高于所需商品的总价。在孩子离家前，妈妈要告知孩子他手里的零钱只有这些，要按照购物清单上列出的商品进行购买，要记得把购买商品的小票带回家。

第四步：一起外出购物。

让孩子自己按照清单上的商品进行购物，每买完一个商品就放在购物车里，然后在清单上将其画掉。家长跟随即可，保障孩子的安全。

第五步：回家盘点并进行总结。

让孩子把买到的商品都放在桌子上进行介绍，并让孩子计算手里剩了多少钱，分享在购物的过程中遇到了哪些困难的和有趣的事情。

（5）游戏进阶：

➤ 对于年龄大一些的孩子，妈妈可以让孩子自己制定购物清单，然后制定预算，并在购物后核对花费是否与预算一致。

➤ 妈妈可以在购物的过程中拿一些想要的商品给孩子，并问他是否愿意购买，观察孩子是否目标非常坚定。

实践游戏2：解锁孩子为什么不愿意花钱

通过亲子共玩财富魔法兔子桌游，家长观察孩子的消费模式，从而对"舍不得花钱"的行为进行针对性的引导。

（1）如果孩子已经玩过此桌游，建议本次家长和孩子根据游戏说明书上的获胜条件进行体验。

（2）在正式开始体验的时候，家长给每个孩子发放创业资金300元，然后让每个孩子选择购买几只兔子。

（3）在正式玩的过程中，孩子会沉浸其中，家长不要过多地

干涉。在遇到消费的场景时，家长要观察孩子是忽视"获胜目标"，一点也不想花钱，还是在思考在这件东西上花钱是否值得。

（4）最后，家长根据孩子不同的反应来引导孩子如何合理地花钱，如何在花钱过程中感受到快乐，如何理智地判断买来的东西的价值等。

扫码关注
魔法兔等你来

思考题

舍不得花钱对孩子长大后会有什么影响？

第**3**章

钱魔方的挣钱艺术：如何给孩子零用钱

第 05 课

给孩子零用钱的错误姿势

前面谈了关于孩子花钱和消费的问题，接下来，我要跟大家谈谈佰特"钱魔方"的另外五个方面，就是关于赚钱、存钱、借钱、投资、捐钱的话题。

提到赚钱，大家脑子里立刻联想到什么呢？

对于我们成年人来说，赚钱意味着用自己的劳动或者智慧换取收入，要么上班赚工资，要么投资赚利润。对于孩子来说，赚钱的方式有两种：一种是来自爸爸妈妈的资助，比如零用钱；另一种是通过自己的学习或者劳动赚钱，比如奖学金，或者帮别人干活的报酬。

给孩子零用钱听上去似乎很简单，现在几乎每一位中国家长都在这么做，但实际上，很少有妈妈真正了解这件事的重大意义，大多数妈妈的做法也未必恰当。给不给？何时给？给多少？怎么给？为什么给？对于这些问题，您都能回答吗？

2008 年年初，我作为《投资者报》特约专栏作者，写过一篇关于父母应该如何给孩子零用钱的文章。下面，我们就来对此逐一解析。

1. 该不该给孩子零用钱

对于儿童来说，实践是最好的老师，要从小培养孩子的财经意识和理财能力，给孩子零用钱是一个很好的方法。有些妈妈以为，不给孩子零用钱，孩子就不花钱了。可以说，这是个天真的想法。因为没钱的孩子照样要用钱，而且，如果因此造成孩子与父母关系不好的话，孩子花起钱来会更过分。

我们需要先弄清楚一个概念：什么是零用钱？有的妈妈说，给孩子自己随意花的钱算零用钱；有的妈妈说，给孩子买零食、玩具的钱算零用钱。从理财的角度讲，**零用钱是父母定期给孩子、由孩子支付某些开支的钱**。注意了，这笔钱并不是全部都由孩子任意支配，也不是孩子买所有的零食和玩具的钱。

给孩子零用钱的目的，是用钱来教育孩子如何自律，如何做出负责任的决定。父母可以通过给孩子零用钱，培养孩子制定计划的能力，并督促孩子严格遵照计划行动。只有当孩子有钱可花时，才能学会比较价格和价值。不知道大家是否看过一个节目《爸爸去哪儿》，节目中的孩子在卖东西时是胡乱定价的，同样一杯饮料可以从 1 元卖到 100 元，因为对于孩子而言，1 和 100 只是数字而已，没什么区别。只有当孩子发现自己一周收到的零用钱不够买喜欢的玩具时，他才会意识到玩具是"贵的"，而雪糕是"便宜的"。同时，孩子可以通过零用钱养成储蓄和分享的好习惯。所以，给孩子零用钱是非常重要的财商教育方式。

用正确的方式给孩子零用钱还可以加强亲子关系，因为妈妈要花更多时间开诚布公地跟孩子在一起规划、讨论、尝试、分享，因此会赢得孩子更多的尊重和热爱。您说，这事重要不重要呢？

2. 孩子几岁开始给零用钱

各家孩子的成熟年龄不同，一般来说，孩子 3 岁就开始学会与人分享，他们会玩过家家的游戏，此时，妈妈就可以让孩子学习认识纸币与硬币。幼儿园老师可以用财商游戏让孩子明白钱的用途，妈妈可以给孩子一点钱，带着孩子去买他们喜欢的糖果或者玩具，让他们开始学会自己用钱。

上小学的孩子有了数学能力，这时，家长可以每周发零用钱，金额由少到多，根据孩子能驾驭的能力大小而定，同时，让孩子明白什么是储蓄和分享；8 岁的孩子应该开始自己挣零用钱；9 岁的孩子应该会看价格，自己买衣服。

美国的一些学校为学生制定了财商教育目标，可以作为中国妈妈的参考。

3 岁：辨认钱币，认识币值、纸币和硬币。

4 岁：学会用钱买简单的商品，如画笔、小玩具、小食品。

5 岁：弄明白钱是劳动得到的报酬，并正确进行钱货交换活动。

6 岁：能数较大数目的钱，开始学习攒钱，培养"自己的钱"的意识。

7 岁：能观看商品价格标签，并和自己的钱比较，确认自己有无购买能力。

8 岁：懂得在银行开户存钱，并想办法自己挣零用钱，如卖报、帮人买小物件获得报酬。

9 岁：可以制定自己的用钱计划，能和商家讨价还价，学会买卖交易。

10 岁：懂得节约零钱，在必要时可以购买较贵的商品，如溜冰鞋、滑板车等。

11 岁：学习评价商业广告，从中发现价廉物美的商品，并有打折、优惠的概念。

12 岁：懂得珍惜钱，知道钱来之不易，有节约观念。

12 岁以后：完全可以参与成人社会的商业活动和理财、交易等活动。

3. 零用钱给多少合适

给孩子钱时，要遵守固定金额、固定时间的原则，这样才会让零用钱的作用发挥到最优。但是，每次应该给孩子多少零用钱呢？给多了，家长担心孩子乱花；给少了，又害怕孩子会感到自卑。

根据佰特财商教育的目标，具体给多少钱可以参考下面三个指标。

（1）**孩子的年龄。孩子的年龄是最重要的参考指标。**不同年龄阶段的孩子认知水平不同，家长应该区别对待，随孩子年龄增长增加零用钱的金额。举一个简单的例子，孩子小学之前每周给 5 元，上了小学之后，除了固定的餐饮交通费，每周涨到 15 元。

随着孩子年龄的增长，妈妈可以跟孩子共同商量出双方都接受的金额，这同时也增加了妈妈跟孩子之间的沟通。

（2）"市场"行情。家长可以看看孩子的同学和小伙伴的零用钱有多少，给自己孩子**零用钱的金额尽量不要远高于或远低于他的同学和小伙伴**，避免孩子变得自负或者自卑。同时，**家长还要考虑当地的物价水平**。

（3）**家庭经济状况。家长可以适当让孩子了解自己家庭的经济状况**，只要能正确引导，比较富裕的家庭适当多给一些钱也很正常；条件困难的家长可以适当控制给孩子零用钱的金额，比如减少孩子买礼物的钱，但是不建议完全取消。总而言之，**"适度"是一个很重要的概念**。如果富裕家庭的孩子像歌中唱的那样，"几亿的零用钱在口袋里"，恐怕这就是害而不是爱了。

4. 零用钱怎么给才合适

据我观察，大多数家长是随机或者根据自己的心情给孩子零用钱，如3元买零食、20元玩游戏等，这种错误的做法会让孩子以为：第一，可以无限度地从家长手里拿到钱；第二，自己对如何花钱没有决定权。

那么，家长给零用钱的正确姿势是什么呢？

3~5岁的孩子自制力差，妈妈可以每天给孩子零用钱，开始给得少，然后慢慢增加；6~10岁的孩子可以每周给一次；10岁以后可以半个月或一个月给一次；大学生可以一学期给一次。当孩子到了可以做兼职打工的年龄，妈妈就可以考虑减少给钱的金额，以激励他们自己寻找兼职工作挣零用钱。

零用钱最好定时发放。比如，妈妈跟孩子共同约定，每周一或者每月 1 日是"发钱日"，这样，钱就变成类似"工资收入"的概念，让孩子更好地学会有计划地支配零用钱，也让孩子懂得遵守诺言的重要性。妈妈可以偶尔故意"忘记"日子，看看孩子有什么反应。当孩子意识到"失约"带来的后果是不开心时，他就会提醒自己不要"放别人的鸽子了"。

请各位妈妈想一个问题：如果孩子拿到钱后，立刻就花光了，要不要再多给他钱呢？

5. 为什么给钱

误区 1：把给钱当成奖罚形式。

很多家长习惯于把钱当成交换条件，比如孩子按时做完作业奖励 2 元、吃饭不挑食奖励 1 元、按时起床奖励 1 元、考出好成绩奖励 50 元……这些都是错误的做法！因为，以上这些都是孩子的"分内之事"，是他们本来就应该做到的。

妈妈应该和孩子达成这样的共识——父母给孩子零用钱是因为孩子是这个家庭的一员。为了鼓励孩子勤奋学习、行为端正，家长可以奖励给孩子他喜欢的图书和玩具，或者跟爸爸妈妈一起去国外旅游，千万不要试图用钱收买或奖励。因为，**给孩子零用钱，目的是教给他有用的理财常识，而不是一种激励手段。当然，也不应该作为惩罚措施取消孩子的零用钱。**如果孩子踢足球把别人家的玻璃砸碎了，可以告诉孩子，妈妈每个月会固定从零用钱中扣钱，来赔偿这块儿玻璃，培养孩子的经济责任心。

误区2：用钱代替亲情。

有些父母觉得，给孩子的钱越多，越能让孩子感到父母爱他。在中国很常见的一种现象，是父母平时工作都特别忙，孩子一直是爷爷奶奶带大的。到了过年过节的时候，家长难得在家陪伴孩子，就会给他很多钱、买很多玩具，来"弥补"父母的心理愧疚。这样一来，却给孩子留下了"金钱就是爱"的错误印象。孩子长大后，他会认为，金钱可以代替情感解决问题；或者，孩子长大后犯了错，就会以"家长没有陪伴"为理由为难父母，让父母给自己更多的钱，这就完全陷入了一个恶性循环。因此，我们常说"要给孩子树立正确的金钱观"，就是要父母从小给孩子树立榜样，让孩子明白，金钱是买不到爱和亲情的。

原来在给孩子零用钱上还有这么多学问啊！零用钱一旦给出去，是否"买卖大权"就从此移交给孩子了呢？家长只能"束手旁观"吗？其实不然，在后面的章节中，我们将分享如何通过零用钱让您的孩子学会在拥有权利的同时也要履行义务。

☀ 主题故事：第一笔零用钱

　　新学期的第一天，花布丸拿到了妈妈给她的第一笔零用钱，共计 300 元。拿到零用钱后，他非常开心。他去了超市，买了自己喜欢的棒棒糖、麦旋风干脆面，还买了一个汽车模型。走出超市后，他发现一些小朋友在玩游戏机，他把剩余的 50 元中的 40 元兑换成 40 个硬币，开始和小朋友一起玩游戏，花布丸还主动给周围的小朋友发硬币，不一会儿 40 个硬币就被玩光了，花布丸却浑然不觉。晚上，妈妈来到花布丸的房间检查作业，突然想起了要买日记本，妈妈和花布丸说记得第二天买回来。花布丸一想以前买过的日记本都要 10 多元，而兜里的零用钱只剩下 10 元了，他只好和妈妈把一天的花钱经历讲了一遍，并承认了错误。

想一想：

通过提问，引导小朋友们思考并了解零用钱要有计划地花。

（1）针对上面的故事，请小朋友说出花布丸的哪些行为是不对的。

（2）问小朋友（还没有给过零用钱的孩子）：如果有了第一

笔零用钱，你会买什么?

（3）问小朋友（给过零用钱的孩子）：还记得你的第一笔零用钱是如何花的吗?

思考题

为什么要给孩子零用钱?

第 06 课

给孩子零用钱的正确姿势

上一节课，我跟大家谈了关于给孩子零用钱的 5 个方面，接下来，我们来进一步谈谈零用钱应该如何使用和管理。

有妈妈问："钱给出去就不是我的钱了，您不是说过应该让孩子自己做主分配，爱怎么花就怎么花吗？"

有妈妈说："既然钱是我的，我不仅要知道孩子是怎么花的，还要告诉孩子哪些钱可以花，哪些钱不能花，要保证他们把钱用好。"

那么，零用钱怎么花，到底谁说了算呢？

在上一课里，我们讨论过零用钱的概念——零用钱是父母定期给孩子、由孩子支付某些开支的钱。孩子有自己支配零用钱的权利，同时也有合理支配钱的义务。**孩子应该明白，拿到零用钱的同时，也拿到了零用钱所包含的权利和义务。这是正确给孩子零用钱的思想基础。**

零用钱是培养孩子财商的工具，给钱是为了从小培养孩子健康的用钱习惯。孩子拿到了钱，就会认真考虑买什么东西。如果妈妈把钱给了孩子之后，又告诉孩子，这个不应该买，那个不应该买，反而让孩子失去了支配这笔钱的乐趣，而且不利于孩子提升花钱的判断能力。

下面，我们看一个故事。

> 妈妈每周给彤彤 100 元零用钱，孩子却总是在拿到钱的头两天，就一下子把 100 元花完了。一天，彤彤来找妈妈多要点钱，原来，班上有同学邀请彤彤到家里参加生日活动，彤彤说，她想买个生日礼物送给同学，但是自己的零用钱已经花光了。彤彤妈妈问我，她该怎么办。

我是这样做的。首先，我让彤彤妈妈问孩子，每周这 100 元是怎么花的。如果没有发现不健康、不安全的消费（比如，对于年龄小的孩子，要告诉他不能买小摊上那些有怪异香气和荧光的文具），妈妈对孩子的所有消费决定都应该接受；如果发现孩子有浪费或者冲动花钱的心理，妈妈就需要跟孩子进行深度沟通，帮助孩子分析，哪些消费是需要的，哪些是想要但不一定非买不可的。其次，我建议妈妈帮助彤彤找一个替代的解决方案，比如，是否可以 DIY 一个特别的礼物，或者看看有没有机会帮家里做点事情，赚到足够买礼物的零用钱。通过这次沟通，妈妈发现彤彤特别爱买漫画书，于是建议彤彤以后可以跟同学交换书看，这样一来，同样的零用钱，两个人可以看更多漫画书。

彤彤在与妈妈的交流中得到了成长，意识到她一下子花掉零用钱需要承担的结果是什么。有了这样的体验后，孩子可能在下次用钱时就会先思考，认真规划用钱，比较市场价格，也许也会开始考虑存钱。

有的家长对零用钱管得太紧，容易让孩子产生反感的情绪，孩子可能会拒绝家长给的钱，反而从午饭等其他地方省出钱来花，相信这样的情况，是家长们都不愿意看到的。还有另一种情况，如果孩子提出要买高档用品，妈妈可以让孩子用自己的零用钱支付超出家庭预算的部分。

怎样才能让孩子了解他们拿钱的同时需要履行一些义务呢？

妈妈可以拿出一张 A4 纸，跟孩子签订一份协议，协议上明确双方的权利和义务。可以包括以下内容。

（1）钱的来源，包括什么时间给孩子多少钱。这是孩子的权利。

（2）钱的分配方式。可以画一个表格，表格中包括钱的几种分配方式，例如花钱、捐钱、存钱。在每一种方式下，妈妈和孩子一起约定好，哪些物品需要孩子来支付，固定时间内要存下多少钱，要捐赠多少钱给有需要的人。这是孩子的义务。

（3）奖惩约定，妈妈和孩子共同讨论一定的奖惩措施。

（4）最后，妈妈和孩子双方都要在协议上面签字。

协议签订后，不仅孩子需要遵守协议内容，家长们也需要和孩子一起共同遵守，这是佰特财商教育非常重视的契约精神的培养。除此之外，妈妈可以每个周末跟孩子复盘一次，询问孩子把钱花到了哪些地方，有没有按照协议上的内容执行，是否需要调整协议里的内容等。这些都是孩子拥有零用钱、支配零用钱的权利和义务。

在这里，我想向各位妈妈介绍一个好工具，可以帮助妈妈们和孩子复盘零用钱的支配情况，帮助孩子履行自己的权利和义务，这个简单而又神奇的工具就是——小小记账本。

如果您不想让孩子长大后成为"月光族"的话，让他从小记账就很有必要。

美国巨富洛克菲勒虽然腰缠万贯，但是他给子女的零用钱不多，他给每个孩子都建立了小的记账本，要求子女把每笔开支都在账本上记清楚，如果一周的账目清楚、用途正当，下周的零用钱就会有小额的提升作为奖励，反之就扣钱，这让孩子从小就学会了精打细算。

我建议，每一位妈妈都给孩子配一个记账本，和协议的内容一样，标明收入来源、收入金额、支出、支出明细。在复盘时，您就可以拿着协议和记账本，与孩子一起讨论如何改进钱的支配方式。

下面我给大家举个例子。

丽丽的零用钱几乎都是由她自己管理。刚开始的时候，丽丽总是乱花钱，今天买贴画、明天买娃娃，新的玩具买回来过了几天就没有了新鲜感，丢在角落里积灰。因此，妈妈开始跟丽丽一起记账，一起看每个月花了多少钱，其中有多少钱用于买玩具。在看账本的时候，妈妈会侧面告诉孩子，今天如果不买这个娃娃，你就又多了多少钱，可以买其他喜欢的东西。慢慢地，丽丽乱花钱的行为减少了。妈妈对丽丽说："钱给了你，就是你的了，怎么花是你的事情，但是账本一定要记清楚，如果发现支出非常不合理的情况要向妈妈说明原因，否则妈妈会适当扣除部分零用钱。"孩子其实比我们想象的懂道理，只要让他们充分认识到行为的后果，他们就会对自己的行为进行自我规范。

在花旗银行基金会的支持下，佰特公益主办了"21 天记账挑战赛"，胜出者除了获得 6000 元梦想基金和荣誉证书以外，还养

_____的零花钱　记账表																						我愿意做到：取之有度，用之有节		

年		收付款说明	收到金额							付款金额							结余金额							家长核对评价			
月	日		万	千	百	十	元	角	分	万	千	百	十	元	角	分	万	千	百	十	元	角	分	非常满意	比较满意	满意	收到钱和花出钱方面
		接下页																									
		合计																									

我认为我能：坚持合理的消费习惯，培养正确的理财意识

成了坚持记账的良好习惯。学生胡淑芳十分感慨地说："这些有用的知识是我们在学校学不到的。财商课程帮助我探索了金钱的过去、现在和未来，我深刻体会到财富管理对于校园生活、职场就业、未来人生的规划如此重要。现在我可以自信地对'月光''校园贷'说'不'！我可以通过自己的努力合理储蓄来实现未来的生活目标！"

妈妈在给孩子提建议的时候要讲究小技巧，下面的三个原则供大家参考。

（1）允许孩子有犯错误的机会。妈妈只能适当提建议，不要试图控制整个过程，不要全部由妈妈来决定孩子应该买或不应该买什么。当孩子在零用钱的使用上犯一些小错误时，妈妈不要过度批评，因为这些小错误往往能增加他们对金钱的认识。

（2）以身作则。妈妈自身要示范良好的消费行为，成为孩子学习的榜样。

（3）启蒙"安全消费"意识。家长给孩子零用钱，就有权利不让孩子购买任何不健康、不安全的东西，同时要告诉孩子不能拿钱去做危险的事情。

通过给孩子零用钱，您是不是也得到了很多启发？如果您还有其他的好办法或者想法，欢迎和我们一起讨论。

实践游戏：小小记账本

只要孩子学会简单的书写和简单的加减法，就可以开始学习记账了，学习记账的目的，就是从小培养孩子的理财意识，熟悉收入概念，通过实践学会"了解自己的消费情况""管理零用钱也需要计划"。

（1）游戏主题关键词：记账，理性消费观。

（2）游戏适合年龄：6 ~ 12 岁。

（3）游戏所需物料：

➢ 可爱而又简单的记账本（格式要简单明了）；

➢ 简单的储蓄罐；

➢ 铅笔、蜡笔或彩色笔1盒；

➢ 胶水、胶带或卡通纸。

（4）游戏步骤：

第一步：开户。

首先，父母和孩子一起建立三个账户："储蓄账户""梦想储蓄账户""零用钱账户"，然后引导孩子说出自己的梦想，并从中选择最想实现的1～2个梦想，请父母协助孩子用笔写下或画下最想实现的梦想，并贴在梦想储蓄账户上。其余的两个账户可以直接用彩笔写上账户名字。

第二步：存钱。

按照5：4：1的比例把每个月的零用钱及工资（孩子的劳动收入，可以是家长制定的，也可以是孩子自己开源的）分成10份，5份放入储蓄账户，4份放入梦想储蓄账户，1份放入零用钱账户。

第三步：记账。

教给孩子记账时每一条记录都应该包含日期（花钱的日期）、收入或支出数额（收了或花了多少钱）、收入或支出说明（什么收入或买了什么）、结余（还剩下多少）。

第四步：陪伴孩子一起坚持。

零用钱记账对孩子的教育意义远远不止理财，孩子在这个过程中慢慢学会克制欲望，增强自控能力，学会如何选择及简单的自我管理。同时家长可以随时监督和鼓励孩子，通过共同参与来增强亲子关系。

（5）游戏进阶：

➢ 对于年龄大一些的孩子，零用钱账户里的钱比较多了，想拿出一部分放进梦想储蓄账户，这个时候家长就可以引入"转账"的概念了。

➢ 当孩子学会乘除法和百分比时，家长就可以增加新的游戏规则，在储蓄账户游戏中引入简单的利息概念，让孩子知道自己的钱是可以生钱的。等孩子学会复杂计算时，家长就可以果断引入复利，让孩子从小知道复利的魔力。

思考题

孩子的零用钱应该多久给一次？

第 07 课

孩子做家务，妈妈要不要付钱

在美国，每年大约有 300 万中小学生在外打工，美国的父母有一句口头禅："要花钱，打工去!""股神"巴菲特从很小的时候就开始推销饮料、送报……

日本人教育孩子也有一句名言："除了阳光和空气是大自然赐予的，其他一切都要通过劳动获得。"

犹太人的孩子在 6 岁以后，就开始料理个人卫生、整理床铺、洗衣服、自己去上学，而且开始做家里的"小时工"挣钱，比如拖客厅地板、帮妈妈为家人准备晚饭。以色列的小朋友可以勇敢地在家长和朋友面前谈钱，他们想成为富翁，所以会主动学习如何存钱等理财技能。

在前面的章节中，我谈到孩子获得金钱的方式有两种：一种是来自爸爸妈妈的资助，比如零用钱；另一种是通过自己的学习或者劳动赚钱，比如奖学金或者帮别人干活获得报酬。但是，有一个问题：孩子帮忙做家务，父母到底该不该付钱呢？这个问题在中国妈妈中间曾经引起了不小的争论，不同的妈妈显然有不同的答案。

有的妈妈认为，孩子做家务不能给钱，因为做家务是孩子应尽的责任；有的妈妈则认为，做家务应该给钱，要让孩子知道，有付出就能有所收获，也让孩子体会当家长挣钱的辛苦；还有的妈妈认为，让孩子做家务按劳付钱，本无可厚非，但是因为孩子对金钱的认识、理解还比较粗浅，长期用钱来作为孩子做家务的报酬，很容易养成孩子一切朝"钱"看的功利思想，不利于孩子的健康成长。

三种说法都不无道理。做家务是孩子应尽的责任，不给。有付出应该有所收获，给。如果有些孩子是为了得到钱才做家务，应该给还是不给呢？

犹太民族和中华民族有一些相近的价值观，比如重视家庭，重视教育，愿意努力工作，吃苦耐劳，都希望过上体面而幸福的生活。下面，我们来看看犹太妈妈怎么做吧。

犹太教育的核心在于从生活的寻常小事做起，强调团队合作的重要性。做家务事除了能培养孩子的责任感之外，还能养成他们的生活技能。帮助父母做家务事也能培养孩子的自尊心：父母坚持让孩子做家务事，会让他们懂得，他们不仅受到爱护，还要能感受到他人的需要。

在犹太家庭中，孩子如果觉得零用钱不够用，可以通过做家务赚钱。**在安排家务的时候，家长一定会讲清楚，哪些常规的家务是孩子应该帮父母做的，哪些特殊的家务才是可以赚钱的。**家长会把家务按劳动强度分成不同的价格，如扫地是 2 元，洗碗是 3 元，买酱油是 5 元等，并登记在本子上，妈妈每月给孩子发一次工资，时间长了，孩子就能买自己喜欢的用品或玩具了，如果攒的钱多了，孩子可以存起来。**一方面，家长要让孩子珍惜用劳动赚钱的机会；另一方面，也不能事事用钱来衡量。除了做日常家务以外，还可以为孩子安排一些其他的"工作"，比如负责收集并整理家中的废品，然后卖掉赚钱。"干活"不仅可以培养孩子的劳动意识，也可以让他们明白，劳动和工作是获得收入的一种方式。只有付出，才有回报。**

有的妈妈问：洗碗、扫地是不是孩子应尽的责任呢？假如您的孩子只有四五岁，答案显然是否定的。**当孩子的认知水平远达不到做某件事情时所需要的时，这件事情就不是他应尽的责任，这时，为了促进孩子成长，妈妈可以适当地用金钱进行奖励，鼓励孩子多做家务。**但是，如果孩子做的是一些他力所能及且必须要做的事情，例如收拾自己的房间、保持卫生间干净等，我们就不提倡金钱的直接奖励。所以，**做家务是不是孩子的责任、该不**

该给钱，不能一概而论。另外，我想提醒妈妈们注意一点，如果想鼓励 3 岁的孩子在吃饭前把饭桌擦干净，奖励给他们钱是没有用的，因为他们对于金钱还没有概念，孩子们更想要的是爸爸妈妈的一个拥抱或者一个点赞。

用金钱奖励的方式，会不会使孩子钻进钱眼儿里呢？

下面，我跟大家分享一个小故事。

果果今年 11 岁了，他最喜欢的活动是踢足球，每天放学回家，他的鞋子上都是泥，衣服也总是脏脏的。果果妈妈下班回家既要给全家人做饭，又要洗碗，之后妈妈还要帮果果把鞋子刷干净，衣服也要先用手洗一遍，再放进洗衣机里，所以，妈妈每天要忙到很晚才能休息。果果妈妈有时跟我发牢骚，说果果一点也不体贴，让她每天好累。于是，我给果果妈妈提了一个建议：为什么不让孩子自己刷鞋洗衣服呢？果果妈妈担心孩子洗不干净，但是她同意试一试，因为她觉得让孩子自力更生很重要。一天，妈妈说："果果，你以后要自己把衣服和鞋子洗干净，因为你已经长大了！"可是，果果并没有把妈妈说的话放在心里，每天回到家后，还是照样把鞋子一脱、衣服一丢，就开始玩游戏了。

果果妈妈给我打电话时，语气显得有点沮丧，孩子这么不懂事，该怎么办？这时，我建议果果妈妈试一试零用钱奖励的办法。不过，我提醒她，孩子的改变都需要一个过程，切不可心急。回家后，妈妈跟果果商量，以后果果每洗一次衣服或者刷一次鞋子，妈妈就多给他5元零用钱。没想到，这一招特别灵，果果对自己开始赚钱这件事感到很兴奋，第二天就开始努力地刷鞋子、洗衣服，还主动问妈妈怎样才能洗得更干净。有一天，果果妈妈忘记奖励他5元钱，孩子跑到妈妈面前，伸着手说："妈妈，你还没有给我奖励的钱呢！"果果妈妈感到有点吃惊，她一方面觉得孩子很棒，会争取自己应得的权益；但是，另一方面，她又感到失望，原来，孩子就是为了这5元钱才自己洗鞋子的。

有一次，家里来客人了，看到果果正在自己洗衣服，随口夸了他一句："你家孩子好勤劳啊，而且洗得挺不错嘛！"没想到，一句轻描淡写的话，对于孩子来说却像一剂"鸡血"。那天晚上，妈妈又把奖励5元钱的事情忘记了。可是这一次，妈妈却发现，孩子并没有马上来要钱。从此以后，果果照样每天洗衣服、刷球鞋，但是，他没有再找妈妈要奖励的钱了。不久后，我去串门时跟果果谈话，孩子说："5元钱我可以买很多好吃的，每次洗完鞋子，手觉得很酸，就想到妈妈洗的时候手也会酸的。可是，阿姨，当我把干净的鞋子穿在脚上时，感觉比以前更开心，因为，我可以跟老师和同学们说：'看，这是我自己刷的！'"听了这话，我的内心涌起了一阵暖流。这就是孩子！在他们的世界里，没有什么功利，他们关注的是做这件事情的成就感，而不是我们所在乎的那点儿钱。

当孩子对一件事情没有兴趣时，用适当的零用钱或物质奖励是可以激励孩子行动的，但只是为了激发孩子的内驱力而已；当孩子真正开始做某件事的时候，他们会更享受其中的成就感和乐趣，更追求实现目标或愿望的过程。所以，我们无须太担心孩子会因此变得功利。后来，果果妈妈跟孩子商量，把5元钱奖励停掉了，因为这时，孩子自己洗衣服、刷鞋子已经成了一种习惯。

最后总结一下，关于孩子做家务该不该付钱的问题，家长可以考虑以下几个方面。

（1）要看孩子自身的能力与做某件家务时所需要能力之间的差距。如果有些家务是需要孩子努力才能做好的，或者是需要学习的，比如让4岁的孩子帮妈妈洗碗，那么，家长可以考虑给孩子提供一定的金钱奖励来鼓励孩子。

（2）看孩子对这件事情的兴趣。如果孩子对某件事情不感兴趣，外在奖励可以增加孩子的兴趣，而且，当孩子达到任务目标后，这件事情有可能内化为孩子的一个习惯，比如果果最终养成了自己洗衣服、刷鞋子的习惯。这时家长可以考虑给孩子提供一定的金钱奖励。

（3）如果家里的事情本来是需要付费请人来做的，比如修理电器、粉刷房间、垃圾分类等，如果孩子表示愿意做这些事情，那么可以给孩子支付酬劳。

（4）即使孩子通过劳动赚了钱，妈妈也不要减少给孩子的零用钱。

（5）妈妈千万不能用讲条件的方式，迫使孩子做家务。否则，一旦赚够了所需要的钱，孩子就会立刻停止干活，而且更加觉得家务事本来就不是他应该做的。

我还想特别强调一点，金钱奖励其实也是给孩子零用钱的另一种形式，只要用合理的方法引导，同样可以成为培养孩子财商的好工具。

💬 实践游戏1：精打细算小当家

通过简单而有趣的模拟游戏，让孩子了解不同的赚钱方式，并理解钱是通过劳动获得的。不同的工作都需要具备一定的技能，孩子只有做好自身能力的储备，未来才能凭自己的能力赚钱。

（1）游戏主题关键词：劳动，赚钱。

（2）游戏适合年龄：6~9 岁。

（3）游戏步骤：

第一步：赚钱方式大创想。

钱是通过劳动、工作赚来的。生活中都有哪些赚钱的方式或途径呢？请家长和孩子一起头脑风暴赚钱的不同方式。

第二步：造型扮演。

家长和孩子一起讨论出三种人物造型，来代表三种不同的赚钱方式，和孩子一起进行扮演。家长和孩子分析从事这些工作需要具备哪些技能；如果未来要从事这项工作，要做好哪些准备。

✔ 实践游戏2：多样化的赚钱方式

通过亲子共玩财富魔法兔子桌游，家长引导孩子思考不同的赚钱途径。

（1）如果孩子已经玩过此桌游，建议本次的获胜目标是现金800 元。

（2）在正式开始体验的时候，家长给每个孩子发放创业资金300 元，然后让孩子选择购买几只兔子。

（3）在正式玩的过程中，孩子会沉浸其中，家长不要过多地干涉。在这个过程中，家长要记录孩子都在哪些场景中赚到了钱。

（4）最后，家长让孩子来分享游戏中有哪些不同的赚钱途径，同时让孩子分享生活中的不同赚钱途径。

扫码关注
魔法兔等你来

思考题

孩子帮爸爸妈妈做家务是否应该给钱？

第 **4** 章

钱魔方的储蓄艺术：如何让孩子喜欢存钱

第 08 课

如何用好孩子的压岁钱

我们已经学习了如何通过巧发零用钱帮助孩子做出理性的选择，让孩子学会记账、区分想要的和必要的东西。接下来，我们来谈谈中国孩子很重要的一笔收入——压岁钱。

中国人的春节习俗之一，是在年夜饭后，长辈要将事先准备好的压岁钱分给晚辈，据说压岁钱可以压邪，晚辈得到压岁钱就可以平平安安度过一岁。您的孩子每年会收到多少压岁钱呢？您家孩子的压岁钱是由谁管理和使用呢？

2018 年春节，挖财 App 的数据调查显示，全国压岁钱的平均金额每年都在上升，人均最高的四个地区分别是福建（3500 元）、浙江（3100 元）、北京（2900 元）和上海（1600 元）。同时，随着近几年微信红包盛行，压岁钱开始向娱乐的方向发展，金额越来越大，这更加令人担忧。我经常听到有的家长反映："孩子的压岁钱、零用钱很多，我们大人不知道该怎么办。"曾经有一位成都的妈妈送女儿去上财商培养班，原因是她 7 岁的女儿的压岁钱已经达到 20 万元，孩子的爸爸常年在外做生意，这位妈妈不知道怎样帮孩子管理这笔钱。还有的妈妈说："压岁钱中很多其实是我们送出去然后收回来的礼金，这笔钱到底应该归谁所有？我们也不清楚。"

在中国，压岁钱的数额越来越大，在一定程度上造成了家长的一种思想负担，让妈妈在处理孩子压岁钱这件事情上变得越来越焦虑。压岁钱到底属于谁？如何才能让压岁钱发挥它的价值？下面，我们就来分析一下。

全球华人都有过年给孩子压岁钱的传统，在大多数地方（如广东），给压岁钱只是为了表达对孩子的美好祝愿，大人给孩子的钱并不多，一般不到 50 元，目的是希望通过发红包来增加节日气氛，让孩子感受到家庭的幸福。如果平时妈妈给的零用钱相当于大人每月领的工资的话，那么，压岁钱就等同于年终奖了，对于孩子来说，拿到过年的压岁钱，就像穿新衣服一样令人兴奋。

根据我的观察，一般家庭对于孩子的压岁钱的处理方法，大概有以下几种。

（1）全部"没收"，纳入家庭总账，由妈妈花掉。

（2）大部分"没收"，剩余小部分给孩子自己花。

（3）全部由孩子自己决定怎么花。

（4）由家长保管，或者"存银行"，将来交学费。

（5）由家长决定如何投资这笔钱。

首先，我们要厘清一个重要的概念：**压岁钱到底是属于谁的钱？**

2002 年，温州乐清的一位母亲，取走了存在未成年孩子名下的压岁钱，被丈夫和子女告上了法院。结果，法院判决母亲不仅要还钱，还要赔偿利息损失，因为《关于贯彻执行〈中华人民共和国民法通则〉若干问题的意见（试行）》第 10 条规定，管理和保护被监护人的财产是监护人的监护职责之一。**所以，家长在拿走钱之前，一定要向孩子说清楚，收上来只是代其保管，而非没收，钱将来还是归他们支配和使用的。**

2016 年 7 月，小娟考上了昆明某大学，因父母离婚后，双方都不愿主动承担小娟上大学的费用，小娟为学费、生活费犯起了愁。无奈之下，小娟以要求父母返还 5.8 万元压岁钱交纳大学学费为由，向安宁市人民法院提起诉讼。**可见，压岁钱如果处理不当，还可能会引起严重的家庭纠纷。**

压岁钱应该如何妥善处理呢？

我们认为，一方面，如果孩子还很小，压岁钱可以全部由父母代为保管，可以通过存银行或者购买保险，为孩子长大后的某项开支而储蓄。另一方面，对于 3 岁以上孩子的妈妈来说，新年收发红包可是一个培育孩子财商的好机会，千万不要错失良机。这时候，我们至少可以从以下三个方面来引导孩子认识压岁钱的意义和价值。

第一，妈妈应该告诉孩子为什么过年会有压岁钱，除了可以给孩子讲解中国春节的传统习俗以外，还可以让孩子了解，压岁钱是长辈对他们的祝愿，饱含着亲情和爱护。妈妈应该告诉孩子，金钱本身是中性的，它的价值来源于人们赋予它的意义。同时，妈妈可以鼓励孩子在收到压岁钱之后，应该表达自己的感恩，比如用一部分钱给家人买礼物，手工制作贺卡送给发压岁钱的人，等等。

第二，妈妈应该跟孩子讨论如何处理这么一大笔钱。借此机会，妈妈可以给孩子讲解金钱可以用于消费、储蓄、捐赠等，跟孩子商量哪一部分钱可以让他自己自由支配，哪一部分钱由父母保管或者代理投资，以及为什么要这样做。重要的是，双方对处理意见要达成共识。利用这个机会，妈妈可以教孩子如何做财务规划，以及如何通过规划达成一个较大的目标，比如如何通过储蓄实现一次心仪的旅行。

第三，启发孩子参与慈善。比如，给贫困家庭的孩子买一件新年礼物，给慈善基金会捐出一部分压岁钱。

从小"一毛不拔"的孩子，长大后也不会跟别人分享，将来走上社会后就很难建立良好的人际关系。很多人以为，慈善是富人的特权，其实，每个人都有义务去帮助那些需要帮助的人，都有能力让这个世界变得更加公平和美好。妈妈可以通过童话故事跟孩子沟通，让孩子了解与他人分享是美德，帮助有困难的人是每个人的义务。如果妈妈能带领孩子参加慈善捐赠，不仅可以让孩子体验到帮助别人的快乐，同时也会让孩子相信，将来当他遇到不可知的困难时，社会上也会有好心人帮助他渡过难关。

上学的孩子应该可以自己管理压岁钱。但是，即使将压岁钱全部交给孩子，也绝不是从此任由孩子随意处置这笔钱，因为，不论对于几岁的孩子来说，一下子拿到这么大一笔钱都会感到困惑，容易出乱子。

"如果突然有一大笔意外之财，你的生活会由此发生哪些改变？""世界上人人都希望富有，金钱真的能让人快乐吗？""除了维持生存，金钱还能用来做哪些有意义的事情呢？"如果妈妈在家里经常跟孩子一起思考、讨论这样的问题，那么，孩子长大后，生活中就会较少地受到金钱的干扰，不论钱多钱少，他都会理性负责地对待每一分钱。如果一个人不具备处理大笔金钱的能力，不论获得了多少财富，终究是要还回去的。

妈妈可以采用家庭会议的形式，跟孩子探讨、规划压岁钱如何使用，培养孩子的财商。妈妈要告诉孩子钱可以有多种用途，让孩子思考如何合理分配这些钱，他希望用这些钱达到怎样的目标。

　　记得我在小时候，每年大年三十的那一天，爸爸妈妈在厨房里忙年夜饭，而我们一群孩子却忙着背诵唐诗宋词、写毛笔字、绘画、练习唱歌、拉小提琴、讲英语故事。为什么呢？因为在我家里有一个传统，就是在大年三十守岁的时候，孩子们要表演各种才艺，根据自己的才艺展示可以拿到金额不等的家庭奖学金。大年初一的早上，我们会早早地就起床给父母拜年，可以再拿到一个小小的红包，里面是崭新的 5 元、10 元、20 元，钱虽然不多，却饱含着家庭的浓浓亲情。父母还会在每个红包里面放一张写着祝福的红字条，祝愿孩子新年健康平安，丰衣足食，学业有成。所以，压岁钱在我们的记忆中不是金钱，而是家的味道。

最后，我们一起来思考一个有趣的现象。每年过年的时候，中国家长都要到银行或者商店排长队，为了换到新的钞票给孩子发压岁钱。为什么家长喜欢给孩子新钱呢？钱的价值会因为它的

新旧而改变吗？如果孩子从小对钱的新旧有区别的意识，长大后对不同的行业是否也有高低贵贱的看法呢？

🐦 实践游戏：我来分配压岁钱

只要父母观察到孩子收到压岁钱时的兴奋劲儿，这时就是一个和孩子商讨压岁钱分配方案的好契机，让孩子们意识到，有时候大人会将金钱作为礼物赠予孩子，同时孩子们有权利负责任地、自主地和适当地分配压岁钱。

（1）游戏主题关键词：压岁钱分配。

（2）游戏适合年龄：6~12岁。

（3）游戏所需物料：

➢ A4白纸。

➢铅笔、蜡笔或彩色笔1盒。

（4）游戏步骤：

第一步：压岁钱的谈判。

首先父母中的一位要和孩子沟通，这次压岁钱可以由孩子自己来支配，然后邀请孩子一起将获得的压岁钱进行统计，看一共收到了多少压岁钱。

第二步：压岁钱的分配。

将压岁钱分成10份，在A4纸的中央写下压岁钱分配方案，并用圆圈圈住。然后以圆圈为中心，均匀分散画出 10 条曲线。将每一份压岁钱的金额写在曲线上，并让孩子分享每一份压岁钱要如何分配和使用。

第三步：征求父母的意见。

如果第一步的沟通是由妈妈完成的，那么这一步要让爸爸和孩子沟通压岁钱分配方案，并请爸爸就这次的压岁钱分配方案进行反馈，反馈后全家在一起共同迭代更合适的压岁钱分配方案。

（5）游戏进阶：

➢ 如果孩子年龄大一些，可以让孩子自己独立思考压岁钱分配方案。

思考题

孩子的压岁钱到底应该由谁来支配？

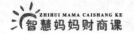

第09课

负利率时代还要不要存钱

　　我们在讨论给孩子零用钱和压岁钱等相关问题的时候，都提到了一个重要的方式，就是把钱存起来。可是，最近我收到不少家长来信询问，她们很困惑，如今物价飞涨，进入负利率时代了，究竟还要不要存钱呢？本文中，我们就一起探讨这个新话题。

　　有句话说，人生最遗憾的事情，是钱还在，人没了。对于大多数家庭来说，可能有相反的担忧：人活着，钱没了。的确，不缺钱的时候，觉得钱没什么了不起；可真的有急用时，才发现钱有多么重要，比如在医院里，金钱可能就代表生命。

　　在与一些家长交流理财时，我问她们在家里是怎样教孩子学习储蓄知识的，得到的回答却是：过去因为收入低没多少钱，才去银行存钱，现在家庭经济条件好了，所以，孩子再学存钱已经没有意义了。有的妈妈说，现在的银行利率低，钱越存越少，不如不学。有的妈妈则认为，不如让孩子改学炒股，回报比存银行快得多。

在我小的时候，父母告诉我，不存钱的人肯定没钱过上好日子。长辈们教育孩子也常常说，这一辈子，最重要的是好好学习，考上好大学，找到好工作，然后把工资的固定比例存进银行，攒够了钱才能结婚买房，才能让孩子受到好的教育，孩子长大后也要考上好大学，找到好工作……可是，最近几年，随着全球货币超发，房价和生活的成本快速上升，钱贬值的速度越来越快，银行存款的利息赶不上物价上涨的脚步。那么，我们到底还要不要存钱呢？

股神巴菲特一直鼓励年轻人早点存钱，这样未来就可以享受到"复利效应"带来的幸福生活。有意思的是，2019 年 5 月 4 日，在伯克希尔·哈撒韦公司的年度股东大会上，有一位 13 岁的小股东向巴菲特请教关于投资与幸福的问题：现在是应该储蓄、延迟满足，还是该及时行乐才会更幸福呢？他说："现在利息这么低，谈储蓄还有意义吗？是不是把钱花掉更明智呢？"巴菲特回答，虽然在当下低利率的通胀环境下，他并不鼓励大家一味地节省和存钱来延迟满足，但是，他仍然相信储蓄还是有很大力量的。同时，他也认为，现在的人们对生活是否满足跟拥有的

财富多少不成正比，很多富人并没有因为有了很多钱而开心。接着，巴菲特对这位小股东说："如果你存了 50 万美元、100 万美元不觉得开心的话，那么，你存了 500 万美元甚至 1 亿美元也不会开心。"可见，**巴菲特认为，储蓄不仅仅跟存钱的多少有关，储蓄可以培养孩子的目标感，同时还可以培养一种知足常乐的积极心态。**

2018 年，巴菲特在接受雅虎财经主编 Andy 的独家采访时，就谈到年轻人养成良好习惯并尽早储蓄的重要性。巴菲特说："我认为养成习惯相当重要。这些习惯可能比智商或其他东西更重要。"而且他认为，从大学毕业开始养成良好的习惯，把每笔工资的 10% 存到退休账户，是生活成功的关键之一。

在儿童财商教育中，储蓄是必不可少、非常重要的内容。我想问各位妈妈一个问题：教孩子储蓄是想达到什么目的？**根据佰特财商教育的理念，我们教孩子储蓄，并不仅是为了让他们将来拥有更多存款，我们教孩子存钱的目的，是训练孩子延迟满足的能力，是为了让孩子知道，可以通过自己的努力获得一个心爱的物品，实现既定的目标。这不仅仅是对孩子存钱能力的培养，更是为了让孩子养成自律和克制的生活习惯。**

下面我们看一下豆豆妈妈教育儿子的故事。

当身边的朋友都在炫耀最新版的变形金刚时，豆豆羡慕不已，很想向妈妈伸手要钱买一个，但不敢开口。豆豆妈妈看在眼里，心里有一点儿难过，但是她想，如果她给孩子钱，或者立刻给孩子买一个，那就是在变相地教他攀比，而且鼓励孩子为了攀比花父母的钱。于是，她对豆豆说："宝贝，妈妈知道你很想要这个东西，你是不是可以通过存钱，自己慢慢实现这个心愿呢？"

实际上，豆豆妈妈是在告诉孩子：**我们可以有梦想、有欲望，但是我们需要通过自己的努力一步一步地实现它。**让孩子通过规划和储蓄，为实现一个目标而努力，防止贪婪、急躁和急功近利，是非常重要的训练。当孩子最终用自己存的钱买到心爱的玩具，实现了愿望，孩子才能感受到内心的富足和幸福。

储蓄教育的另一个意义是教孩子如何做准备，应对未来。人生是一个变幻莫测的过程，除了我们一定会衰老、生病和死亡，许多事情都无法预料，生活中肯定会有一些意外发生，如果我们没有提前做准备，当意外来临时我们就会措手不及，甚至可能错失解决问题的最好时机。因此，**储蓄教育对于孩子来说，是教他们为未来的风险做好准备，这是独立生活的基础训练。**

妈妈在家里如何给孩子做储蓄教育呢?

实际上,家庭储蓄教育是一个简单而有趣的过程,可以分成四步走。

第一步,给孩子准备三个存钱罐。

在罐子外面分别贴上"需要""想要""未来"的标签。

(1)"需要",指的是这个罐子里的钱是专门拿来满足一些必要开销的,例如一日三餐的开支、文具费、公交车费等。

(2)"想要",指的是这个罐子里的钱是专门拿来买一些不是必要开销、却是自己非常想要的东西的,例如零食、玩具。

(3)"未来",指的是这个罐子里的钱是专门拿来应对一些意外事件的,例如,摔破了家里一个碗,需要承担责任,孩子可以拿这笔钱来买一个新的碗。

第二步,设定储蓄目标。

(1)"需要存钱罐"。对于年龄小的孩子,妈妈可以帮忙算好每周需要存的必要开支是多少;对于年龄大一点的孩子,妈妈可以引导孩子自己做预算。

(2)"想要存钱罐"。当孩子主动提出想买某件东西的时候,对于妈妈来说,就是好的教育契机。实际上,纵容孩子的每一个念头,反而会剥夺他们很多的乐趣。这时,妈妈要信任孩子的自制力,我们用上面的例子说明。当豆豆说,"妈妈,我想要一个最新版的变形金刚"时，妈妈会问他："最新版的变形金刚需要多少钱？如果妈妈不买给你，你可以通过自己的努力，存钱之后去买吗？"这时候，存钱买到最新版的变形金刚就成了豆豆努力的目标，妈妈会把这个目标写在存钱罐上，不断提醒孩子，一步步实现自己的目标。

（3）"未来存钱罐"。妈妈可以鼓励孩子将剩余的零用钱全部存在这个罐子中，为未来意外做准备。

第三步，制定储蓄计划表。

年龄比较小的孩子计算能力不强，妈妈要帮助他制定一个储蓄计划，在征得孩子同意后开始执行。对于年龄比较大的孩子，可以请孩子分析自己每个月固定的零用钱金额，以及三个存钱罐的目标，制定出储蓄计划。比如，"想要存钱罐"的目标是 10 天内存够 100 元，只要每天在这个罐子里存下 10 元，10 天后就能达到储蓄目标。

第四步，鼓励孩子开始行动。

制定储蓄计划表后，妈妈就可以鼓励孩子开始行动了。这个过程对于孩子来说是一种磨炼。刚开始时，他们会激情满满，每天都存钱，但是过了一段时间后，新鲜感不再了，自己的愿望又没有立即实现，延迟满足对于孩子来说就很痛苦了。这个时候，妈妈可以给孩子一些奖励，比如，跟孩子约定他每存 10 元钱，妈妈就奖励 10 元钱。这样的方式能够降低孩子达到储蓄目标的难度,激励孩子继续储蓄。妈妈也可以定期让孩子把存钱罐中的钱拿出来,自己数一数一共攒了多少钱,当他们发现"啊,原来已经攒了这么多钱了"的时候,会获得一种成就感。

以上,我跟妈妈们分享了如何培养孩子储蓄习惯的好办法,这些方法都简单易行,回家后您马上就可以试试看!

在儿童财商教育中,养成储蓄的习惯是非常重要的内容。储蓄教育不仅与存钱的数字有关,还可以使家长和孩子一起储蓄与幸福有关的东西。

☀ 主题故事:为梦想而储蓄

钱嘟嘟和买德启是两兄弟,他们家有个让妈妈省心、孩子开心的做事方法,那就是妈妈每周会在固定的时间给兄弟俩零用钱,然后由兄弟俩自己管理自己的钱。

时间过得真快,一眨眼几个星期过去了。这一天又到了发零用钱的日子。买德启看到钱嘟嘟手里拿着一盒漂亮的蜡笔,他很奇怪,心想:我现在一分钱都没有,哥哥怎么会有钱买蜡笔呢?难道是妈妈偷偷给哥哥买的吗?这么一想,买德启觉得委屈和不公平,嚷着说:"妈妈,妈妈,哥哥有蜡笔,我也很喜欢蜡笔,我也要买蜡笔!我也要!我也要!"

妈妈笑着摇摇头，钱嘟嘟露出了神秘的笑容："你这个贪吃的弟弟，妈妈没有偷偷地给我钱哦，这是哥哥自己努力攒钱得来的。"

想一想：

通过提问，引导小朋友们思考钱可以积少成多，同时形成为了迟一些的大回报而放弃眼前诱惑的意愿。

（1）你猜一猜哥哥的蜡笔是怎么得来的？

（2）你有自己想要的东西吗？你觉得可以怎么获得？

实践游戏：我会储蓄

通过亲子共玩财富魔法兔子桌游，家长引导孩子在银行处进行储蓄，从而思考银行的功能以及储蓄的意义。

（1）如果孩子已经玩过此桌游，建议本次家长和孩子的获胜目标是 5 张存款凭证。

（2）在正式开始体验的时候，家长会给每个孩子发放创业资金 100 元，然后让孩子选择购买几只兔子。

（3）在正式玩的过程中，孩子会沉浸其中，家长不要过多地干涉。当第一次遇到银行场景的时候，家长向孩子介绍银行的功能，孩子可以选择是否储蓄。例如，有的孩子会忽略这次的获胜目标，从而不进行储蓄，还有的孩子会计算银行的利息高低，从而进行储蓄，等等。

（4）最后，家长让孩子来发言，说说银行的功能是什么，储蓄可以带来什么好处。

扫码关注
魔法兔等你来

思考题

存钱的习惯为什么很重要？

第 10 课

妈妈在家开银行

听到"银行"这两个字，大家首先联想到什么？我想到的是钱、储蓄、利息。

之前，我曾经在中国工商银行、英国渣打银行、美林银行上班，前两个是商业银行，最后一个是投资银行。今天，我要跟您探讨如何开一家"妈妈银行"。

什么？开银行？真的吗？

对，接下来我们就一起学习如何开一家"妈妈银行"。

在英文里，对应"储蓄"的词有两个：一是 saving，preservation from danger or destruction（以防危险或灾难的收藏）；二是 deposit，the act or an instance of economizing（一种经济行为或情形）。在汉语中，储，是收藏、存放；蓄，是积聚、保存。**储蓄，是指把节约下来或暂时不用的钱或物积存起来**。可见，与储蓄有关的不只是钱，平时我们积累人脉的行为，其实也是储蓄的过程。到银行去存钱，叫"储蓄存款"。

接下来，我想跟大家聊一聊，**如何让孩子了解储蓄的意义**。

前段时间，我看到一篇文章，让我大跌眼镜。标题是《第一批 90 后，已经开始收破烂了》。文章中这样写道："现在的 90后，进入了一个以'怀旧'为中心的年龄，舍不得扔旧东西，比如漂亮的包装盒、好看的小物件，通通收藏在家里，时不时拿出来看一看，仿佛要留住青春；在手机支付盛行的年代，他们却开始收集旧钱币，期待着未来某一天能升值，一夜暴富……"显然，此"破烂"非彼"破烂"。可以看出，他们收藏的都是自己心里认为有价值的东西。我把这篇文章转发到微信朋友圈里，不一会儿就收到了大量的点赞。一位朋友评论道："何止 90 后们爱收藏东西啊，各个年龄段的人其实都这样！"

说得没错。我在很小的时候，最喜欢收藏的就是钱。不论是过年的压岁钱，还是犄角旮旯里找到的硬币，我都会小心地存放在妈妈给我做的储蓄罐里。即使我那时候从来不花钱，但是，只要看见我的储蓄罐，我感觉自己说话就有了自信，做事情就底气十足。因为，那些钱可以帮我把小小的梦想变成现实。长大以后，我爱收藏的就不仅仅是钱币了，比如生日收到的小礼品，上学获得的奖状，到各国旅行的纪念品，甚至是某一天从地上捡起的一片落叶，小伙伴送的鹅卵石……现在有了智能手机，我开始收藏大量的照片，期待到年老时，我可以整理这些照片，泡一杯咖啡，慢慢地回忆生命中那些温馨而美好的时光。

我想，不少人也都有类似的感觉吧？请您闭上眼睛，跟着我仔细回顾一下，我们的幸福感来自哪里。其实不就是来自生活中不同阶段对美好事物的积累吗？这些积累，可以是钱的积累，也可以是自己喜爱的小东西，甚至可以是一份私人的感情。是的，储蓄的意义不仅仅是存钱，而是一个积累生活片段的过程。这个积累的过程，让我们懂得感恩，懂得感悟生活，感恩时代。

那么，您的孩子呢，是不是也像您小时候那样，喜欢收集各式各样的小玩具、小物件？在上一课中，我们谈到怎样引导孩子将钱存在储蓄罐里，或者存到银行里。当孩子懂得了存钱的方法之后，我们就可以引导孩子思考更抽象一点的储蓄了。接下来，我给大家介绍的这个家庭储蓄游戏，是既有趣又有意义的财商教育方式。这就是我们佰特教育专门为亲子活动设计的"妈妈银行"。

"妈妈银行"是一种家庭形式的财商教育活动。我们都知道，银行的基础业务是办理存钱、取钱和借贷。我们的"妈妈银行"一样可以做这些业务。

一般来说，在家里，可以由妈妈扮演"银行行长"的角色，孩子则扮演小小创业家，可以在"妈妈银行"里模拟所有现实银行中能完成的事情。

这个家庭游戏，不仅可以帮助孩子了解银行的相关知识，还能帮助孩子理解快乐和幸福的价值，帮助孩子实现更好的自我管理。

那么，**家里的"妈妈银行"能存什么呢？**

（1）储蓄金钱。

鼓励孩子将过年所得的压岁钱和零用钱等存入"妈妈银行"，妈妈按照一定的存款期限支付给孩子利息。

（2）储蓄好的行为。

妈妈提前跟孩子讨论希望他养成的 1 ~ 2 个好习惯，同时制定执行计划。如果孩子能够坚持 21 天，就可以得到非金钱的奖励，比如跟家长进行一次共同的旅行。在这里，本金是孩子每天的好行为，利息就是旅行奖励。

（3）储蓄时间。

瑞典兴起了一种新的养老方式，就是"时间银行"。一个人为他人服务的时间可以存起来，等到他年老的时候，就可以提取并使用这些时间储蓄，来获得其他人的服务。与此类似，父母可以鼓励孩子利用空余时间帮忙做一些事情，这些时间可以存到"妈妈银行"里面，将来等到他们需要帮助的时候，可以提取时间储蓄，要求父母为他们提供服务。

（4）储蓄爱。

家庭成员都可以将欢乐时光以纸条、相片等方式存在"妈妈银行"里面。妈妈要告诉孩子，本金是"欢乐时光"，而利息是大家看到这些欢乐时光时的微笑。

我们的"妈妈银行"里，除了存钱以外，孩子们眼里珍贵的东西都可以是他们的储蓄对象。通过这样的家庭活动，孩子懂得了珍惜金钱和亲情，妈妈还可以引导孩子了解人生珍贵的东西除了金钱外还有梦想和时间，让孩子明白如何延迟满足，为梦想奋斗，把每一天都过得有意义。

开"妈妈银行"具体怎么做？需要遵守哪些规则呢？ 下面我给大家具体讲解一下。

这个过程并不复杂。

（1）发布"妈妈银行"成立的信息。

这一步要有仪式感，因为要让家庭成员对这件事情达成共识，共同参与其中。

（2）共同讨论，明确储蓄的内容。

前面我们提到有很多东西都可以储蓄，比如金钱、时间、幸福、好行为等。为了鼓励孩子将钱存在"妈妈银行"里，"妈妈银行"可以提供略高于普通银行的存款利息。

（3）商议储蓄方式和分工。

有的妈妈做了一本存折，在存折上记录存的现金、幸福的事情、好的行为；有的妈妈买了一本手账本，每周都坚持记录；也有的妈妈直接用便利贴，写了之后贴在墙上，或者把一些照片洗出来贴在墙上。记录的方式各有不同，妈妈可以跟孩子一起讨论，发挥他们的创造力。

此外，还要跟孩子讨论什么时候可以办理业务，由谁负责办理，等等。如果是孩子负责的工作，可以定期给孩子发象征性的"工资"，鼓励孩子主动承担事务，得到更多锻炼，这也是零用钱的发放形式之一。

在这个过程中，一定要让孩子有参与感和选择权，遇到问题时，妈妈和孩子一起去面对和解决。这对孩子的责任感、解决问题能力的培养都十分重要。

读到这里，很多妈妈或许会有这样的疑问："妈妈银行"挺好玩的，可是真的可行吗？操作起来好像有点复杂啊？

下面，菲菲妈妈的做法，可以给我们一点借鉴和启发。

菲菲妈妈听了我的介绍之后，又跟我反复讨论了几次，她终于下了决心，跟9岁的儿子提出"妈妈银行"这个想法。刚开始，菲菲有点不信，他很好奇地问："老妈，你要干吗呢？

把银行弄到家里来？是不是开玩笑啊？不会是抢银行吧？"

　　妈妈笑着说："不是啊，以后你可以把钱存在妈妈这里，妈妈帮你保管，存钱有利息，又不用去银行跑来跑去。"

　　"什么？有利息！这么好玩！"孩子的兴趣立刻被点燃了。

　　妈妈跟菲菲商量"银行"的营业时间、轮值分工和主营业务。在讨论主营业务时，妈妈问菲菲："除了钱之外，咱家还能存什么？"孩子脑洞大开，说："垃圾！还有我的玩具，你们给我买得越多，我就存得越多！"

　　妈妈差点儿没招架住，不过，这就是孩子嘛。

　　妈妈又引导了一下："嗯！是个好主意，不过还有其他的吗？什么东西是能让我们一家三口再次看到时，都能觉得很开心、幸福的？"

　　菲菲想了想，很认真地说："把我们快乐的事情存起来！比如说上个月我们去英国玩的照片，我还可以在照片下面写一些字。"菲菲说出这句话时，妈妈突然热泪盈眶了，那一瞬间，她已经觉得很幸福了！

　　顺着菲菲的话，妈妈提道："嗯！那我们就来做一个幸福存折吧！"

　　从此以后，在菲菲家的"妈妈银行"开放日，菲菲每次都会拿出这个幸福存折给客人们看，家里都会洋溢着笑声。

而那个存放着"妈妈存折"、现金、登记表的小角落，成了孩子最精心呵护的地方，也是全家最幸福的角落。

读到这里，您是不是已经迫不及待要回家试试开一个"妈妈银行"呢？

🐦 实践游戏：梦想计划书

通过制定梦想计划书，帮助孩子理解梦想需要有金钱作为保障，从而懂得有规划地花钱，不浪费。

（1）游戏主题关键词：规划，梦想与目标。

（2）游戏适合年龄：10～16岁。

（3）游戏所需物料：

➢ 大海报纸1张。

➢ 蓝丁胶1个。

➢ 铅笔、蜡笔或彩色笔1盒。

（4）游戏步骤：

第一步：写下梦想。

定期筹办一些家庭会议，全家在一起，询问孩子是否有想要实现的梦想，让孩子把自己将来要实现的梦想写或画在大海报纸上。从财力和物力两方面进行评估并询问孩子哪些是不切实际的想法，将其去除。

第二步：梦想实现大创想。

父母询问孩子，实现这个梦想需要具备哪些条件，和孩子一起进行头脑风暴。

第三步：计算梦想的价值。

父母进一步询问孩子，要实现这个梦想需要多少钱。孩子在A4 纸上进行计算，父母可以在旁边进行补充，然后，在大海报纸右上角写上梦想的价格。

（5）游戏进阶：

➢ 父母可以让孩子将梦想画在一张海报纸上并张贴在家里的可见墙壁上，思考实现这个梦想需要多少钱，然后制定每天的计划，监督孩子执行。

思考题

"妈妈银行"如何支付利息？

第**5**章

钱魔方的借钱艺术：培养孩子的
契约精神

第 11 课

家长该不该借钱给孩子

如果孩子提出向家长借钱，家长应该给还是不给？

看到这个问题，不少家长开始纠结了。不借吧，孩子真的有需要；借吧，怕孩子养成了借钱的习惯，将来可能负债累累。关于要不要借钱给别人，这本身就是一个复杂的问题；要不要借钱给自己的孩子，对于这个问题，家长们更是各持己见。

如果您的孩子提出借钱，您到底是借，还是不借呢？

我们先来看下面的两个故事。

小强大学毕业后，在杭州的一家科技公司上班，每月工资 7000 元，扣除衣食住行之后，月底可以结余 2000 元左右。工作后不久，小强谈了女朋友，两人决定很快就要结婚了，女方的父母突然提出，小强必须在杭州买一套房子，才能把女儿嫁给他。由于买房钱不够，小强就回到农村老家找父母借钱。父母向亲戚借了 60 万元，又拿出家里多年的积蓄，总共给了小强 110 万元交买房首付款。结婚后，小强夫妻俩商量好了，房贷还款由双方共同负担。两年后，小强的月薪上涨到 1.2 万元，除了还房贷以外，他想每月拿出来一小部分钱帮父母还债。没想到，小强的妻子不同意了，她说："你要给你爸妈钱，那我也要给我爸妈钱。你爸妈的钱是借来的，我爸妈的钱就是白给的吗？"妻子还说："父母拿钱给你买房，那是他们的责任，没什么可还的。如果你真要帮你爸妈还债的话，那我以后就不当他们是自己家里人了。"小强的父母万万没想到，借钱给孩子买房，却给孩子带来了家庭矛盾。

另一个故事，发生在佰特教育的课堂上。

2019 年暑假前，我们组织了一次儿童慈善集市活动，来检验孩子们在课堂里学习的财商知识是否能够加以应用。

集市活动结束了，几位妈妈正在分享活动的体会，突然，涛涛兴高采烈地跑了过来，将一堆零钱塞到妈妈手里，说："妈妈，我今天赚了好多钱啊，这些都是还你的钱。"这到底是怎么回事呢？

涛涛妈妈说："在上一次集市活动中，涛涛发现玩具飞机特别好卖，这次他要进两个玩具飞机，当他发现自己的钱不够时，就向我借了100元。"

欣欣妈妈说："哟，自己家的人，还借什么借，拿去用就是了。"

乐乐妈妈也说："孩子嘛，就是玩玩，他借了钱，你还真让他还啊？涛涛，下次钱不够就来找我，阿姨不用你还钱。"

当孩子向父母借钱时，家长会有两种截然不同的态度。

第一种是不能借钱给孩子。这一类父母心存顾虑，怕孩子从小养成借钱的习惯，对父母产生生活依赖。而且，一般孩子会认为，父母的钱是不用还的，所以，将来走上社会之后，还会继续向父母伸手借钱。然而，父母的收入也有限，当父母没有能力再资助孩子的时候，就会产生家庭矛盾。

第二种是认为家长可以借钱给孩子。这一类父母心里清楚，一个人毕生都不借钱几乎不可能，当孩子长大后，难免都会涉及房贷、车贷等借贷行为。现在社会上，90%的新中产拥有信用卡，此外，花呗、京东白条等借款方式层出不穷，所以，父母借钱给孩子，让他了解关于借钱的知识，对孩子有益无害。

看来，孩子借钱这件事儿并不简单。

借钱，跟一个人延迟满足的能力以及对自己还款能力的了解程度有关。当一个人想逃避痛苦、满足眼前快乐的需求，又不能很好把控自己的还款能力的时候，就可能要接受很大的教训。现在，我们听到很多大学生信用卡违约、校园裸贷的案例，也经常看到媒体上关于某些企业因为给银行还款不及时，造成失信破产等消息，都与这方面的心理因素有关。所以，让孩子提早接触借钱的相关知识非常重要。当孩子提出借钱时，正是家长进行引导的最好时机，关键是看父母如何借钱给孩子，不同的方法会造成孩子不同的认知结果。

在上面的案例中，在涛涛提出借钱的时候，妈妈就给他上了一节"借钱课"。

一个月之前，妈妈和涛涛一起为佰特的集市活动做准备。涛涛根据参加上次集市的经验，决定这次要买两个玩具飞机拿去卖掉。可是，一个玩具飞机价格是 280 元，涛涛的储蓄罐里只有 460 元，于是，他决定向妈妈借 200 元。

妈妈对涛涛说："借钱是一件很严肃的事情，你要告诉妈妈，你借钱是要做什么，什么时候可以还钱，是一次性归还还是分几次还。我需要看到详细的计划，才能决定要不要借给你。"

涛涛有点不高兴，他说："不就是借点钱吗？我在集市上卖了飞机就还给你。"

妈妈问："可是，如果你这次卖不出去的话，你怎么还我钱呢？"

涛涛大声说："不会卖不掉的，我保证！"

妈妈心里笑了，她耐心地引导涛涛："所有的事情都是有风险的，万一那天天气不好，来的人很少，或者有其他小朋友也卖同样的东西，你的飞机卖不出去的话，就可能亏本呢。"

涛涛听了，这才懊恼地点点头，说："那我就攒零用钱，一点点地还你。"

妈妈继续问："那样的话，你需要还多久呢？"

涛涛算了一下，回答："1 个月。"

"1 个月太短了吧，你真的能攒出 200 元吗？"妈妈提示他。

涛涛点点头，说："那就 6 个月吧！"

然后，妈妈又告诉涛涛，社会上借钱给别人是要收利息的。涛涛犹豫了一下之后，表示同意给妈妈支付利息。

最后，妈妈说："如果 6 个月以后，你没有把钱全部还给妈妈，知道会发生什么吗？那我就再也不会借钱给你了。

同时，我还会告诉爸爸、爷爷、奶奶、姥姥、姥爷，涛涛是一个说话不算话的孩子，大家都不要借钱给他了。"

涛涛听了这话，满脸惊讶，看来，他从没有想过借钱不还可能会有哪些后果。

妈妈再一次问涛涛："那你确定还要借钱吗？做了承诺就一定要兑现啊。"

涛涛转过身去，认真思考了起来。

最终，涛涛还是找妈妈借了钱，不过不是200元，而是100元，承诺12个月内一定还清，并支付2元利息。

在孩子的日常生活中，总会遇到入不敷出的时候，家长可以尝试在适当的时候，抓住机会把钱借给孩子。但是，记得要同时把以下五个要点传递给孩子。

第一，天下没有免费的午餐。借钱是一件严肃而且严重的事情，跟亲戚朋友借钱是要付出人情的，跟银行借钱要付很高的利息，这些都是成本。所以，我们不管是向亲属借钱，还是向银行或者贷款机构借钱，都要谨慎。

第二，了解借钱可能带来的后果。在借钱之前要想清楚，如果不能按时还钱，我们是否能够承受它带来的后果。比如，可能亲戚朋友都会知道借款人的不诚信行为，以后大家再也不信任他了。真实的后果比这惨烈很多倍，我们看到，裸贷的大学生因为不能按时还钱信息被公开，很多人只能选择退学，甚至轻生。

第三，要懂一点经济学常识。对于年龄大一点的孩子，家长要让他们知道复利的概念，这样对他们做出明智的决定有很大的帮助。复利用于投资，可能产生巨大效益；但是，当我们借钱时，也许只是借了很小的一笔钱，因为复利，却可能变成巨额债务，严重的情况下可能因此毁掉自己的一生。

第四，对自己还款能力的正确评估。孩子要知道自己如何筹集到足够的钱来归还欠下的债务，比如，涛涛就想到利用集市赚到的钱和自己的零用钱确保能够及时还款。

第五，告诉孩子要有契约精神，要及时还款。在考虑了复利，也了解了自己的还款能力的基础上，孩子还是决定要向爸爸妈妈借钱的话，那就请孩子写下保证书，一定要及时还款。

看了以上的讲解，您获得了哪些启发呢？

总之，要教育孩子除非救急之用，轻易不要向他人借钱。妈妈可以鼓励孩子通过储蓄等方式来满足自己的愿望。如果实在需要借钱，也要让孩子在了解借钱可能带来的后果之后，慎重地做出决定。

☼ 主题故事：集市借钱记

金璨璨所在的校园开启了新一学年的校园集市项目，她早想在集市里大显身手赚一笔钱，可盘算下手里的零用钱，只够租赁摊点和购买一些贴纸。她想再采购一批简易玩具，一定会有很多的同学来购买。她找到了花布丸，让花布丸借给她 500 元。她向花布丸描述了自己的计划，而且承诺将利润的 20% 连同借款本金一起还给花布丸。花布丸回忆起去年的集市场景，别提有多热闹了，每个摊点都人满为患。她开始想要把 500 元借给金璨璨了。请孩子给花布丸出出招，她是否应该借钱给金璨璨？

想一想：

通过提问，引导孩子思考借钱是有成本的，如果大举借债，超过自身的承受能力，那一定会麻烦不断。

（1）你建议花布丸要借钱给金璨璨吗，为什么？

家长要引导孩子思考，做任何事情都要有规划，要了解借款人是否有偿还能力等。

（2）如果花布丸要借钱给金璨璨，金璨璨要提供什么给花布丸？

家长要引导孩子思考借款合同的内容，包括金额以及偿还日期等。

🐦 实践游戏：借钱有成本

通过亲子共玩财富魔法兔子桌游，家长引导孩子在银行处进行借贷，从而让孩子意识到借钱有成本。

（1）如果孩子已经玩过此桌游，建议本次家长和孩子的获胜目标是获得 10 只兔子。

（2）在正式开始体验的时候，家长给每个孩子发放创业资金50 元，然后让孩子选择购买几只兔子。

（3）在正式玩的过程中，孩子会沉浸其中，家长不要过多地干涉。当有孩子手里的钱不够的时候，可以允许孩子向其他玩家借，也可以从银行借款。孩子可以选择其中一种借款方式。

（4）在玩游戏的过程中，当有玩家走到银行格子时，要及时提醒向银行借款的孩子缴纳借款利息。

（5）最后，家长请借款的孩子和被借款的孩子分享体会。

➤ 向借款的孩子提问：向其他玩家借款和向银行借款的区别是什么？

➤ 向被借款的孩子提问：为什么当时你愿意借款给他（她）？

➤ 向借款的孩子提问：你借了其他玩家或银行的钱，有什么感受？

注意：当向其他玩家借款的时候，要观察其他玩家是免费借款还是有利息的，如果是有利息的借款要记录是否需要偿还利息，在什么时间偿还。根据不同的借款方式，家长可以从利率高低、友情、信任等角度最后进行总结。

扫码关注
魔法兔等你来

思考题

家长借钱给孩子要不要还？

第 12 课

孩子借钱给别人拿不回来怎么办

生活中难免发生令人不痛快的事情，当孩子把钱借给他的好朋友，却拿不回来了，怎么办？

俗话说，借钱容易要钱难。相信很多人都或多或少有过借钱给别人的不愉快经历。我想问：如果朋友借钱不还，您会怎么办？

有的人说，欠债还钱，天经地义，该要的还是去要。一部分人说，算了，朋友就是朋友，怎么好意思讨债？大不了不来往了。一些人认为，既然借钱不还，那已经称不上朋友了，就应该追债，甚至报警。熟人之间借钱是令人头疼的事情，弄不好，可能导致反目成仇。

孩子之间也会发生借钱不还的事情。这时候，妈妈应该如何处理呢？

有的妈妈认为，要告诉孩子坚决不要再借钱给别人，因为毕竟年龄还小，借钱还钱太复杂了，孩子很难把控好。也有的妈妈认为不需要引导太多，因为孩子吃亏了，就会长记性，下次就不会再乱借钱给别人了。还有的妈妈认为，如果是借给真有困难的人，对方不还也没关系，告诉孩子"吃一堑长一智"吧。

不知道您如果遇到这种情况会如何处理呢？我们说过，每一次当孩子遇到问题的时候，都是妈妈做正确引导的好机会。那么，孩子从借钱给朋友这件事情上，可以学到什么？下面的故事也许可以给我们一些启发。

小翔今年 13 岁，在父母的眼里是个很听话的孩子。一天下午，小翔的妈妈周女士约我见面，说有个难题让她一筹莫展，想咨询一下该如何处理。

原来，小翔在班上的同桌叫雷雷，平时很喜欢花钱买零食、图书、玩具，自己的钱花完了，还经常找同学借钱"买买买"。虽然学校里的老师警告过不许同学之间互相借钱，但是雷雷还是不断找同学借钱。有一次，雷雷和小翔一起到校门口吃馄饨，吃完他却说忘记带钱，要小翔帮他付。雷雷陆陆续续找小翔借了 1000 多元，却一直没有要还的意思。即使如此，雷雷再次向小翔借钱买东西的时候，小翔还是不好意思拒绝，因为他害怕影响了跟雷雷的友谊，又怕被同学说自己是小气包。

周女士说，平日里，她总是教育小翔有借有还，诚信是金，如今，小翔找雷雷还钱的时候，雷雷总是说没钱，以后再还。对于此事，小翔心里很难受，但是一直不敢告诉家长，直到雷雷又来找小翔借钱，小翔才把这件事情告诉了妈妈。

周女士说，当她听儿子讲这件事情之后感到很气愤，但是，她不确定作为孩子的家长要不要参与其中，要不要去找雷雷的家长反映此事，并要求对方家长还钱。1000 元钱不多，但也不少，要为这点钱破坏家长之间的关系吗？

我们先不说要钱的事情，先说一下**借钱和还钱的行为意味着什么**。

雷雷向小翔借钱的时候，会说明他将何时还钱，那么，雷雷就应该兑现承诺，按时还钱。如果雷雷没有按时还钱，这就是违约的行为。如果大人允许雷雷不还钱，无动于衷，这意味着什么呢？对这两个孩子来说，这是在鼓励违约，鼓励说话可以不算数，很明显，这已经不是钱的事儿了，而是关于诚信、价值观和契约的教育问题。

的确，对孩子的教育是在小事上点点滴滴的累积，大人可能觉得这点钱不是一件大事情，但是如果处理不当，可能影响孩子的心态和人生观。

那么，面对这样的情况，小翔的妈妈应该怎么做呢？

（1）要教育孩子学会拒绝。

对于借钱不还的人，孩子完全可以用委婉的方式拒绝再次借钱给他。

（2）鼓励孩子去要回自己的钱。

既然孩子已经把钱借出去了，妈妈就要鼓励孩子用非暴力沟通的方式，合理地向借钱的同学提出还钱的要求。小翔应该向雷雷说明自己的零用钱是固定的，借钱不还不仅影响了他的正常生活，而且将影响他们之间的友谊，更不利于雷雷在同学中的信誉。

（3）可以寻求老师的帮助。

有时候，可能需要老师出面安排小翔的妈妈和雷雷的家长沟通情况，在沟通时，可以把重点从钱转移到财商教育上，这样可以避免双方家长和孩子之间出现矛盾和争执。

如果努力之后，借出去的钱实在讨不回来了，怎么办呢？

钱拿不回来了，这的确让人不愉快，但是，家长不要带给孩子负面情绪，而是要让孩子吃一堑长一智。

（1）认同情绪。

妈妈首先要认同孩子的善良，安抚孩子的情绪，告诉孩子：

"妈妈知道你是为了帮助同学才借钱给同学，妈妈觉得你非常乐于助人，是一个善良的人。"

（2）分析风险。

妈妈可以和孩子一起总结这件事情的风险："有些时候，事情不是我们想象中的那样，原本你想帮助同学渡过难关，等他有条件了就还你钱，但是现在发生了同学不还钱的情况。"

（3）消除阴影。

为了避免孩子以为所有人都会这样欺骗他，避免孩子将来对同学关系和社会有片面的理解，妈妈还需要引导孩子进行思考和总结："我们借出去的钱可能收不回来了，不过没关系，我们努力了。而且，宝贝，你觉得每个人都是这样的吗？其实并不是，妈妈身边也有很多朋友，向妈妈借了钱之后，是会按时还给妈妈的，所以不用担心。"

在孩子的心理变得积极之后，妈妈要告诉孩子，**以后遇到这样的事情应该怎么办**。

第一，让孩子在决定借钱之前，要了解对方为什么要借钱，如果是借钱上网、过度消费等，就不应该借钱给他，要果断拒绝；如果确定对方是需要帮助，才会伸出援助之手。

第二，要考虑借钱的风险孩子是不是能够承担，在可以承担的前提下，如果决定要借钱给别人，也要跟对方立一个字据，双方必须都签字。

第三，假如有人真的困难到没办法还钱，而不是故意不还，可以鼓励对方用其他的方式还钱，帮助对方创造还钱的可能，比如："我觉得你画得特别好看，你画 5 幅画送给我，就算是我买下这 5 幅画，可以吗？"切忌用高高在上的语气来表达，比如："你还不了钱，那你就用 5 幅画来还吧！"

总之，借钱这个话题，既有财商理念、经济学思维，又包括道德伦理、沟通技巧等，非常有趣。如何处理借钱不还的问题，需要我们在生活中根据孩子不同的性格采取不同的引导方式，既可以把已经发生的错误转化为教育良机，也可以让孩子从财商教育模拟课上学习如何处理棘手的问题。

思考题

如何帮孩子讨回借出去的钱？

第 **6** 章

钱魔方的投资艺术：培养孩子的冒险精神

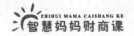

第 13 课

怎么跟孩子谈投资

通过前面的讲解，相信您已经掌握了跟孩子谈钱的技巧，包括让孩子了解如何赚钱，明白什么是储蓄，坚持理性消费，以及不轻易借钱等。

尽管我们提到储蓄的力量不容忽略，但是，单靠存钱是不能致富的。随着年龄的增长，要想过上无忧无虑的生活，还必须学习如何使钱不断增值，这就离不开学习理财和投资技巧。

所以，接下来我要跟您分享的话题是：如何跟孩子谈投资。

提到成功投资，您最熟悉的名字是谁呢？

大名鼎鼎的沃伦·巴菲特，是世界上最伟大的投资家之一。他依靠股票和外汇市场的投资，成为世界上数一数二的富翁。巴菲特和他的搭档查理·芒格共同创造了有史以来最优秀的投资纪录，根据《巴菲特 2019 年致股东信》中的数据，巴菲特领导的伯克希尔·哈撒韦公司在 1965—2018 年的整体增长率超过 1 万倍，复合年增长率为 18.7%（标普 500 指数的复合年增长率为 9.7%）；公司的总市值接近 2300 亿美元，公司的股价高达每股 30 万美元，折合人民币 207 万元，这是什么概念呢？就是说，假如您卖掉伯克希尔·哈撒韦公司股票中的 1 股，就可以在中国的很多省会城市全款买一栋 100 平方米以上的房子。有人计算，如果在 1956 年"巴菲特合伙公司"创立的时候把 100 美元交给巴菲特，63 年后已然变成大约 300 万美元！

令人敬佩的是，这位著名的"股神"也是一位优秀的父亲，他的三个子女都生活幸福，而且事业成功。

为了让孩子们学会理财，巴菲特曾经为子女们解答了许多在投资过程中出现的令他们困惑的问题。我们就来看看，巴菲特给子女最著名的 10 条投资忠告是什么。

(1) 理性压倒感性，才能屹立股市不倒。

(2) 不要害怕亏损，要做一个善于失败的赢家。

(3) 贪婪和恐惧是股市永恒的主题。

(4) 投资不是闪电战，而是持久战。

(5) 如果你走在错误的路上，奔跑也没有用。

(6) 正确评估一只股票的内在价值。

(7) 股票投资需要独立思考，切勿盲从。

(8) 我的投资中"明星股"总是获利最多的股票。

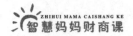

(9) 不要让不良的投资习惯毁了到手的回报。

(10) 期待股票明天早上就上涨是愚蠢的。

上面的话年龄还小的孩子是听不明白的。那么，家长们应该怎么让孩子明白跟投资有关的事情呢？

下面，我跟大家分享一个葡萄园里的故事。

有一年夏天，我和朋友曹先生一家人一起到郊区的果园里摘葡萄，看见那里的葡萄个儿大、采摘的人也多，我们自然就谈起了关于投资有机农庄的话题。

到了午餐时间，曹先生11岁的儿子贝贝突然问我："阿姨，你给我也讲讲怎么做投资吧。"

虽然平日里我给企业家讲如何投资已经习以为常，但是，面对一个初中一年级的孩子，我一时不知道从何说起。幸好，曹太太在银行里工作了多年，我就顺势把这个问题"踢"给了孩子的妈妈。下面就是母子之间的对话。

妈妈说："贝贝，你这个问题很好，妈妈想先问你一个问题，如果你有1000元，你会怎么用呢？"

贝贝说："我会买很多玩具。"

"那你有没有想过，怎样才能用这 1000 元买到更多的玩具呢，比如利用这些葡萄？"

"用 1000 元买葡萄，然后运出去卖掉。"

"还有其他方法吗？"

"嗯，那我就不知道了。"

"刚才，我们遇到了葡萄园的主人，就是那个给你介绍葡萄品种的叔叔，他告诉我，这几年葡萄产业比较景气，葡萄也卖得快，他想继续发展这个庄园，要买更多的土地和葡萄架，可是他钱不够了，如果他找你帮忙，你觉得你可以做什么呢？"

这个问题有点难度了，贝贝想了一会儿，说："唔……我可以捐一些钱给他，或者我借给他！"

虽然贝贝没有想到第三种方法，但此时，我决定给贝贝点赞。"贝贝，你在很认真地思考这个问题，真棒！你提出了两个方案，第一个方案是捐给他，不以赚钱为目的的，这叫公益；第二个方案是借钱给他，他以后要在你们约定的时间里把钱还给你，这叫借贷。不过呀，还有第三种方法，就是你刚刚问我的——投资。"

趁热打铁，我接着对贝贝说："我们可以简单理解为，投资就是为了获得收益而投入金钱。比如，今天你为了能够赚钱，给农庄的主人叔叔 1000 元，等过一段时间，他赚到钱的时候，必须还给你相应的钱，这个过程就叫投资。"

贝贝恍然大悟，说，"阿姨，是不是可以这么说，投资就是我把钱给一个公司，等叔叔们赚到钱之后，要分给我一部分，这样我也就能赚到钱了，对吗？"

"太棒了！贝贝，你理解得很快！"

贝贝又问我："但是，要是叔叔们并没有赚到钱呢？你们不是老说投资有风险吗？"

"是的，投资是有风险的，不一定每次都能赚到钱。如果没有赚到钱，那你投进去的 1000 元可能会变少，或者就没有了。"

看来，孩子对这个话题很感兴趣。

贝贝妈妈也高兴起来，趁机问道："再回到妈妈刚才问的问题，如果现在你有 1000 元，你打算怎么用呢？"

贝贝眼睛不眨，大声地说："我要投资！"

大人们都笑了，这孩子学东西可真快！

妈妈继续启发他："那你这 1000 元可就暂时不见了哦！而且，还需要等一段时间才能拿回钱来，也有可能投资亏本，结果就什么钱都没有了。到时候你怎么办？"

"啊？那我还是拿一半来投资就好了，其他的钱我可以存起来，也可以花掉。"

　　妈妈忍不住夸赞贝贝："是的，贝贝，你很棒！现在，你已经知道钱有多种使用方法，可以存起来，也可以花掉，还可以拿来投资。投资的方式也有很多种，比如买保险、买黄金、买卖股票，等等。"

原来，给孩子讲什么是投资并不复杂，需要结合生活的场景才能帮助他们理解一些专业的术语。当孩子开始愿意听父母谈论买房、买车、买保险的话题时，妈妈就可以开始引导了。我们发现，当孩子对投资有一定的兴趣之后，会提出各种各样好玩的问题，比如，"妈妈投资之后，我也算是那家公司的老板吗？""投资能赚钱，那为什么还有那么多穷人？""我怎么才能做只赚钱的投资？"如果一开始就用专业的概念给孩子讲解，估计孩子很快就不感兴趣了。所以，**我们跟孩子谈投资的时候，不仅要找到恰当的时机，而且要用孩子听得懂的语言和例子。**

　　针对不同年龄段的孩子，妈妈应该如何引导呢？以下方法供您参考。

　　（1）4~7岁：培养孩子的投资意识。

　　在这个年龄段，孩子对投资、收益这些抽象的词语还没有办

法理解，贝贝妈妈的例子就不适合了。这时，妈妈可以给孩子读一些绘本，比如《狐狸的葡萄酒》讲的是狐狸投入了时间和精力将葡萄变成了美味的葡萄酒，让孩子明白，需要经过一个等待的过程，才可以得到更好的东西。

（2）8～12 岁：让孩子理解投资的方式和概念。

这个年龄段的孩子，能够理解一些简单的投资概念，比如什么是复利。孩子对与投资相关的知识的吸收能力和兴趣可能都将超出您的预期。除了贝贝妈妈的那种方式之外，妈妈还可以用孩子喜欢的玩具、零食举例子，比如给孩子讲巴菲特投资可口可乐的故事，让孩子理解，投资需要有长远的目光、独特的价值判断，同时，投资需要承担一定的风险。

（3）13～16 岁：鼓励孩子亲自去体验投资。

到了这个年龄，孩子们的抽象思维发展已经成熟，妈妈应该鼓励孩子尝试行动，学习更深的投资概念。这个时候，可以让孩子查看爸爸妈妈投资的情况，或者鼓励孩子用一小笔钱去练习投资，即使有可能亏损，也好过将来亏掉一大笔钱。

巴菲特对子女说，投资不败的金律，永远是安全第一、赚钱第二！前面的例子中，我们告诉贝贝，如果投资顺利，不仅能赚到很多钱，还能获得满足感。不过，投资不像在银行存钱那样可以高枕无忧。现实生活中，当投资亏损的时候，大多数人要么愤怒，要么害怕，父母的这些情绪会直接影响孩子对投资的理解，因此，家长的理财观念和积极的投资心态对于孩子的财商教育也同等重要。

☀ 主题故事：炒股变形记

钱嘟嘟因为每天看到爸爸在炒股，非常感兴趣，就吵着让爸爸也让他尝试一下。爸爸决定给钱嘟嘟一次实战机会。2019 年 10 月 15 日，爸爸投资 1.4 万元作为钱嘟嘟的炒股基金，赚得的资金八二分成，爸爸八，钱嘟嘟二。

拿到启动资金后，钱嘟嘟兴奋地开始了自己人生第一单，他用这些钱购买了 3 只股票，收获颇丰。而短短几个月，钱嘟嘟已经通过爸爸的投资赚到了自己的小学学费。赚到了钱之后，钱嘟嘟沉浸在成功的喜悦中。没过多久，所有的投资资金包括赚的钱全部赔光了。这时候钱嘟嘟才开始反思，自己只是感兴趣，却对股票一点也不了解。

想一想：

家长通过提问，引导孩子思考投资有风险，在投资之前要对投资的项目非常了解。

听完刚才的故事，分析一下钱嘟嘟为什么会把所有的钱都赔光了？

家长引导孩子思考，对投资的项目要有所了解，既然选择了投资，就要关注它的相关知识，避免有始无终的结局。

📷 实践游戏：家中谁有钱

通过亲子共玩财富魔法兔子桌游，家长引导孩子正确看待投资，同时思考投资背后的收益和风险。

（1）如果孩子已经玩过此桌游，建议本次家长和孩子的获胜目标是获得 1000 元现金。

（2）在正式开始体验的时候，家长给每个孩子发放创业资金300 元，然后让孩子选择购买几只兔子。

（3）在正式玩的过程中，孩子会沉浸其中，家长不要过多地干涉。当有孩子走到机会卡的格子，家长可以告诉孩子大投资10元/张，小投资 5 元/张，可以选择购买大投资还是小投资。

（4）最后，家长让孩子来分享体会。

➤ 针对总是选择大投资或小投资的孩子提问：为什么你总是选择机会卡中的大投资或小投资？

➤ 让你印象最深的一次大投资是什么？

➤ 让你印象最深的一次小投资是什么？

注意：家长根据孩子分享的内容进行总结，比如，要根据自己手里的钱选择大投资或小投资，每一笔投资都会有好有坏，等等。

思考题

孩子什么年龄开始可以和家长谈投资？

第 14 课

要不要跟孩子谈股票

上一课中，我们在葡萄园里面跟孩子谈了什么是投资。那么，家长还可以跟孩子谈什么呢？有家长说，不如让孩子跟专业人士学炒股，收益比储蓄高多了！也有家长说，不能让孩子学炒股，否则会害了孩子。

巴菲特 11 岁就购买了他人生的第一只股票；特朗普的儿女 6 岁开始学习股票交易；犹太人家庭从小就给孩子开股票账户；国外有专门做儿童财商教育的股票模拟盘网站，让孩子从股票上学习品牌认知、兴趣培养、投资理念、数学运算等技能。可见，股票是学习投资和培养财商的重要工具之一。不久前，广州的一位初三学生，给父母推荐了一只教育公司的股票，父母在涨了两倍之后卖掉，赚了 10 万元，这让中小学的财商教育再次成为热门话题。那么，家长到底应不应该跟孩子谈股票呢？让我们继续上一课的案例。

从葡萄园回家后，贝贝就对投资这个话题表现出了浓厚的兴趣。

有一次，贝贝问我一个问题："阿姨，我跟我的同桌讲了关于投资葡萄园的事情，可是，我同桌说他特别讨厌投资，因为他的爸爸妈妈以前总是因为买股票的事情吵架，闹得家里鸡犬不宁，最后还离婚了。他说，他的世界里永远不要股票！为什么股票会让他的爸爸妈妈离婚呢？我应该怎么安慰我的同桌？"

贝贝的这番话应该引起家长们的深思。父母对投资的情绪，往往直接影响孩子对投资的态度。想让孩子拥有积极的态度，首先孩子的父母要拥有健康的投资心态。

"让你早点抛股票，你就是不听，现在亏了，是吧！"

"我怎么知道会亏这么多？原来我还想等一等，稍微涨一点就卖掉啊！"

这是一段在中国的股民家庭里经常听到的对话。股票市场是一个国家或地区经济和金融活动的寒暑表，是投机者和投资者都活跃的地方，因此，股票市场注定是波动多变的，谁也无法准确地预测它的变化趋势。所以，投资者唯有控制自己的情绪，不要被市场的假象所迷惑，才能做出理智的投资决策。股神巴菲特指出，"事实上，聪明的投资人不但不会预测市场走势，而且会利用这种市场的无知和情绪化而得益"。

大人常常因为什么时候买卖股票而争吵，孩子却以为股票就是让父母吵架的罪魁祸首，假如没有股票，家里就安宁了。久而久之，孩子对股票、投资会很反感，长大后，对股票、基金等理财工具会感到恐惧，害怕自己像爸爸妈妈一样因为投资不当产生损失，更不愿有由损失带来的后悔和愤怒的情绪。有这样心态的孩子，长大后如果投资理财，一旦出现亏损，就会沿袭爸爸妈妈的处理方式——抱怨、懊恼、发怒。

那么，中国的家长到底要不要跟孩子谈股票呢？

我个人认为，既然迟早要面对股票这个东西，不如早点跟孩子谈。但是，家长不仅要教孩子关于股票的知识和投资方法，而且要让孩子明白，如果有人因为亏损而生气和吵架的话，其实跟股票无关，那是他们对自我能力和结果无法把控的一种表现。**家长更要让孩子知道，做股票投资之前，首先要了解自己的风险承受能力，更重要的是培养情绪自控能力。**

大家还记得上一课的案例里，当贝贝听说把钱投资出去可能会亏损的时候，他马上做了一个决定，只拿出一半的钱做投资，另一半的钱用来消费或者存起来。您觉得，其他的孩子都会像贝贝一样做出理性的选择吗？那可不一定。有的孩子的性格天生敢于冒险，他们认为"亏损是正常的，投得越多，赚得越多，不如再试试运气"。而有的孩子性格保守，他们害怕损失，所以一旦知道有风险，就宁愿选择不做投资，而是把钱存起来。然而，把钱存起来就没有风险吗？全球经济可能正在加快步入一个负利率时代，存钱的风险在于储蓄的收益抵抗不了通胀的压力。

我们反复强调，儿童财商教育的目的是价值观的教育，金钱只是教育的工具。用不断变化的股票做财商教育，可以让孩子从小学习了解自己，学习控制自己的情绪，学会做出适合自己个性的选择，并为自己所做的选择结果负责，这是养成良好的投资性格的基础。

下面，我给大家分享两个佰特财商课堂上的不同例子。

甜甜今年 13 岁，她的性格比较内向，做事情和做决定都比较慢，比如，在参加班级活动时，甜甜总是先在一边默默地观察，对活动有了一定的了解和信任之后，才会参与和表达自己的看法，面对多种选择的时候，甜甜往往需要考虑比较长的时间。

针对甜甜这样的性格，老师提醒甜甜妈妈尽量不要让孩子做高风险的事情，因为一旦造成损失，将会给孩子带来较大的负面情绪。果然，在心爱的单车丢失之后，甜甜就很容易表现出难过的情绪。因此，在佰特课堂上，妈妈就鼓励甜甜做一些相对安全的理财投资，比如，买稳健型的股票基金，虽然收益不会太高，但是亏损也不大，同时，老师和妈妈还仔细观察甜甜能否承受每一步投资决定，从而帮助孩子做出下一步选择。

当当正好相反，是一个爱冒险的男孩，在玩佰特的魔法兔子桌游时，每次他都选择"大投资"的机会卡，哪怕连续几次遇到了大灾难，亏了很多钱，到了下一次选择时，他还是忍不住会挑高风险、高利润的"大投资"卡。刚开始上"魔法兔子"课的时候，当当并不像现在玩得这么淡定，在第一次抽到卡片上写着"遇到大灰狼，损失所有兔子"的时候，他气得不想玩了，还想要赖，要从头再来。这时，佰特课堂的大王老师告诉他，这是你自己的选择，就得接受选择的结果，当当只好硬着头皮玩下去。看到他每次都选择高风险的"大投资"卡时，同组的小伙伴提醒他："你可以选择安全一点的小投资呀。"可是，当当偏不听，他就是要拼运气选"大投资"。就在这样一次又一次的损失、获利、损失、获利的游戏中，当当渐渐认识了自己的个性，同时做好了承受巨大损失的心理准备。

　　面对这样激进性格的孩子，老师就提醒他要为自己的选择负责。在游戏中，佰特老师故意不插手，让当当体验"财产"大起大落的情绪，让他慢慢找到情绪失控的临界点。终于，在下一次玩游戏到达情绪的临界点时，当当开始选择暂时进行"小投资"，因为他知道，超过临界点就是他无法承受的结果。在现实生活中，面对当当这样喜欢风险、追求刺激的孩子，家长一定要告诉孩子行动的底线在哪里。

　　总结一下，**给孩子讲股票，不是为了让孩子学习赚钱，而是为了让孩子认识风险承受能力，学习控制情绪，对自己的选择负责任，同时培养孩子淡定从容、胆大心细等成功者必备的心理素质。**

思考题

股票是什么？

第 **7** 章

钱魔方的给予艺术：培养孩子的分享精神

第 15 课

孩子为什么不愿意分享

在我们对家长们进行的问卷调查中，有一个问题是：作为家长，您希望培养自己的孩子成为一个什么样的人？

在众说纷纭的答卷中，我们看到绝大多数家长都希望自己的孩子将来生活得"富有"和"幸福"。其中，飞飞妈妈的回答与众不同，她说："我希望我的孩子会分享，将来不仅关爱家人，而且乐于帮助他人。"我问她为什么希望自己的孩子会分享，她说："因为会分享的人，才能感受爱、实现自我价值的满足，我希望孩子的心中有一个充满爱心的美好世界。"

我们不难猜出，飞飞妈妈是一位高智商的女性，她明白，根据需求层次理论，一个人真正的幸福感来源于价值感的满足。

什么是价值感呢？价值感可以简单地理解为被需要感，是指对一个人、一个组织或者某件事有价值，被认同、被需要所带来的满足感。价值感，或者说被需要感，来源于一个人的付出与分享。一个有能力、有爱心的孩子，可以通过跟别人分享，获得这种被需要和被肯定的价值感，从而内心会更幸福。

在现实中，有人认为，跟外国的孩子相比，很多中国孩子显得冷漠而自私，不会主动关心别人，对陌生人缺乏爱心。有人说，这是教育的问题；也有人说，是因为独生子女的生活条件太优越，所以孩子们大多以自我为中心，不懂谦让，不愿意跟别人分享。真是这样吗？

的确，近年来，独生子女的问题日渐突出。在家里，孩子集爷爷奶奶、姥姥姥爷、爸爸妈妈六人宠爱于一身，从小就觉得任何东西都应该自己独享，不需要和别人分享。长大后，这样的孩子眼里当然没有别人的需求，更不懂应该如何关心别人，在集体中他们往往显得不合群，与周围的人无法合作，甚至成家后也不懂应该如何关爱家人，这个问题已经成为他们在职业发展和社会交往中不可忽视的心理障碍。

一个人会不会付出与分享，一方面是有没有能力的问题，另一方面是愿不愿意的问题。在前面的课程里，我们主要谈如何培养孩子的能力，下面，我们来谈谈**如何培养孩子愿意分享的态度**。

其实，在现实中，飞飞的妈妈也同样面临着孩子教育的各种问题。

见面时，飞飞妈妈满脸愁容地说："我们家一直教育孩子要分享，要有爱心，可是他让我失望了。上次我们在公园里正好遇到给孤儿募捐的慈善活动，好多小朋友都捐钱捐玩具，我家飞飞就是不肯捐一分钱。没想到我家有一个小葛朗台啊，这样下去，将来长大了一毛不拔，那可怎么办？"

我对飞飞妈妈说："你先别急，等孩子过来，我们问问他为什么不愿意捐钱吧。"

一会儿，飞飞跑了过来。我问："飞飞，听说你和妈妈在公园里看到有人募捐啦？"

"是啊，我不想捐，妈妈还批评我了。阿姨，您觉得我应该捐吗？"

"我想先听听你为什么不想捐。"

"因为妈妈不肯帮我出钱。我自己好不容易才攒到300元，下个月要给朋友买生日礼物呢，不能捐给别人。"

"哦，原来是因为你觉得自己的钱很少，所以不想捐给别人，是这样吗？"

"是的，而且，我根本不认识那些人啊。"

　　这时，飞飞妈妈忍不住插嘴说："我不是一直教育你，捐款是一件高尚、快乐的事情吗？好孩子要有爱心，你怎么这么小气？一点面子都不给妈妈。"

　　"可是，我一点儿也不觉得捐钱就会快乐。"

　　"还有，阿姨，我觉得他们是骗人的。"飞飞悄悄跟我说。

　　我问："谁是骗人的？"

　　"我奶奶说过，那些叔叔阿姨拿了钱就跑了，根本不去帮助别人，募捐都是骗人的。"

　　"哦，原来你是担心，那些组织募捐的人不把募捐的钱交给需要帮助的人，对吗？"

　　"嗯，是的。"

　　通过和孩子的对话，飞飞妈妈终于明白，原来，孩子不愿意捐赠是另有原因的，跟缺乏爱心没有直接的关系。

　　第一个原因是孩子自己的愿望还没有被满足。

　　飞飞觉得自己可以支配的钱很少，而且这笔钱已经有了明确的用途，捐款会影响到自己的生活。请大家想一想，一般来说，城市里的人会乐于给贫困山区的孩子捐赠衣物和钱，可是，城市里的人一般不会要求贫困山区的人们捐赠。为什么呢？因为这些东西对于贫困山区的人们来说是稀缺的，**在稀缺的心理下，付出就成为一件很困难的事情**。对于孩子来说，也是同样的道理。这里，我顺便提醒一下，稀缺的心理不一定跟真的有没有钱和物质有关，更多的是跟是否拥有感恩和知足的心理有关。

第二个原因是孩子感受不到他的行动给别人带来的快乐。

飞飞说，他不认识这些需要帮助的人，看不到自己的行为会给那些人带来的改变，因此，他也感受不到帮助别人的快乐。

其实，我们成年人也有类似的心理。如果花点时间查一下公益组织的受赠记录，就会发现，吃不饱、穿不暖的孩子更容易得到捐赠，因为我们觉得这些孩子太可怜了，只要我捐钱、捐物，这些孩子就能吃饱肚子，穿上暖和的衣服，捐赠人很容易看见行动带来的效果；而那些需要一个长远时间才能看见效果的公益项目，比如教育和扶贫，往往就需要花费很大的力气才能让我们相信和捐赠，因为我们很难看到捐钱到底能带来什么立竿见影的结果。所以，如果我们能够让孩子看到被帮助人的情况，同时说明他的善良行动会给人们带来哪些具体的改变，或许就能打开孩子的心结。

第三个原因是孩子在评判值不值得这么做。

这种情况一般会出现在年龄稍微大一点的孩子身上。有些孩子在内心会有一个评价标准——哪些人值得我帮助，哪些人不值得我帮助。虽然家长可能认为，帮助别人没有必要去想值得不值得，但是，孩子有自己的角度来思考这个问题。我们曾经访谈过一些不愿意捐赠的孩子，发现有两个回答最为普遍：一个是"万一他们是骗人的呢"；另一个是"我觉得他可以自己解决问题"。这两个答案都让我们感到惊喜，因为孩子能够有如此独立的思考能力，令人欣慰；**同时，懂得将有限的资源分配到最需要的环境，尽自己的能力所为，这又是非常重要的经济学思维。**

根据多年做公益的切身体会，我支持孩子从小对社会现象有批评性思考。据我观察，在社会上，因为怕被人骗，或者认为对方能够自己解决问题，所以不愿意分享和捐赠的大有人在。对此，我都愿意跟捐赠人进行深入的讨论，耐心分析求助的信息和需求是否真实，讨论我们能够一起做点什么来帮助求助者解决什么问题。深入的讨论过程，往往会让捐赠人更加关注弱势者，同时也提高了人们帮助他人的意愿。

所以，我提倡家长们不要急于让孩子捐款，更不能因为孩子不愿意捐款就责备他，而是要耐心地引导孩子加强对于慈善的理解，让孩子成为一个既有爱心、热情又懂理性思考的人。

既然孩子不愿意捐赠的背后有这么多原因，根据不同的原

因，我们的解决方法也不同。以下的四点原则非常重要。

（1）充分尊重孩子的选择。

家长要尊重孩子，不可呵斥孩子，甚至嘲笑孩子。孩子有真实表达自己意愿的权利，家长不能用自己的价值标准来评判孩子的行为，让孩子勉强做出符合家长意愿的选择，很可能让孩子产生逆反心理，从此对捐赠这件事产生抵触情绪。

（2）与孩子讨论不愿意捐赠的原因，有针对性地引导。

家长要完全尊重孩子的选择，同时积极引导孩子分析问题，打开心结。

（3）在鼓励孩子捐赠之前，要先让孩子体会到富足。

富有，不一定指有很多钱，而是让孩子有一定可以掌控的零用钱，具体怎么做我们在前面的课程里已经讲解过（还记得那三个储蓄罐吗）。孩子只有当内心稳定，有了安全感，才更愿意去分享和帮助别人。

（4）帮助孩子正确地理解捐赠。

家长要让孩子看到，慈善是很多人在一起做一件很酷、很了不起的事情，爱心可以让我们周围的世界变得更美好，每个人都将因此而受益。

最后，我要提醒像飞飞妈妈一样的家长一件重要的事情：不要给孩子贴标签，比如叫飞飞小气鬼、葛朗台等。研究表明，父母给孩子贴的标签会给孩子很强的心理暗示，孩子往往会朝着这个暗示的方向发展。很多爸爸妈妈无意中给孩子贴上一些负面标签，这些标签很可能已经在伤害着孩子幼小的心理，希望引起家长们的注意。

思考题

如何引导孩子乐于分享？

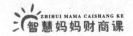

第 16 课

孩子说要像扎克伯格一样捐出 99％的财产

有家长问：为什么我家孩子总是让自己受委屈？

我们观察到，孩子对待自己的好东西的态度，通常有两个极端：有的孩子小气，自己的东西一点也不肯跟别人分享；而有的孩子特别大方，盲目付出，宁愿委屈自己。接下来，我们就来看看，如何解决孩子盲目分享的问题。针对捐款我们可以对孩子做哪些引导？引导孩子的过程中需要坚持哪些原则？

下面，我们来看一段母子对话，希望对您有所启发。

　　一个周末的下午，军军在看小人书，妈妈的手机里收到一个朋友转发的关于慈善活动的消息，就问军军："我们捐一些钱给甘肃山区的孩子买图书，好不好？"

　　"甘肃在哪里？离我们远不远？为什么要捐啊？他们的爸爸妈妈不给他们买吗？"军军捧着手里的书问妈妈。

妈妈说："甘肃在中国的西部，因为自然条件原因，还有很多经济困难的地方，那里有些爸爸妈妈赚不到很多的钱，他们的钱只够用来吃饭穿衣，没有多余的钱买书。那里的孩子很想读书，我们可以帮助他们实现这个小愿望吗？"

"是这样啊，读书是一件很有意思的事情，我要是不能读书一定很难过。"

"如果我们捐一些钱给他们买书的话，他们就会因为你而变得更快乐。"

"真的吗？那我要捐出我全部零用钱的99%来帮助这些孩子买书。"

妈妈有点惊讶，说："你真是个善良的孩子！不过，你一共有多少钱？"

军军说："我有2100元，我昨天刚数过。"

"这些钱都是你的吗？你可以决定如何使用吗？"

"是的，都是用我攒的零用钱和压岁钱。我可以做决定！"说这话的时候，军军一脸骄傲。

妈妈说："那为什么是99%呢？"

"我看到电视上说，扎克伯格捐出了他家里99%的钱啊，真了不起！我也要像他一样去帮助别人！"

"军军，你这么有爱心，真是太好了！不过，据妈妈所知，扎克伯格捐赠的是99%的股份，不是他99%的钱。你知道扎克伯格为什么捐出那么多钱吗？他把原因都写在给女儿的信里面了，有时间，我们可以一起读一读，好吗？"

接着，妈妈又问道："你知道2100元的99%是多少钱吗？"

"妈妈可以帮我算啊。"

"把99%的钱捐了出去，你以后想买东西怎么办呢？扎克伯格捐出99%的股份是不会影响他的生活的。"

"以后……妈妈可以再给我一些钱吗？"

"这可能不行，因为我们之前有约定的，零用钱花完就没有了，我们只会按时给你零用钱，不能多给也不会提前给。"

这时候，军军开始犹豫了，因为这一大笔钱他攒了很长时间，他早就看中了一款新玩具，一直盼着用这笔钱去买呢。他才发现，原来帮助别人是有代价的，自己现在面临着一个重大的选择。

"那我就捐一部分钱吧，妈妈，我捐100元可以吗？这样，我还能买玩具，而且还能给奶奶买生日礼物。"

"捐多少钱你可以自己做决定。不过，妈妈也觉得这样的安排更合理，因为这样既表达了我们的心意，能帮助其他小朋友，也不会影响我们自己的生活。"妈妈发自内心地为儿子感到骄傲。

妈妈决定利用这个机会，教给儿子更多的知识。"军军，妈妈还有一个问题。你知道这些捐款是给甘肃哪里的孩子，他们什么时候可以看到书吗？"

"不知道，那你帮我问问吧。"

"妈妈查了一下，这些捐款是用来为甘肃省武威市的农村孩子购买图书，那里的孩子会在明年开学的时候得到这些书，我们可以通过手机了解项目的进展情况。我们捐款以后，还可以从网上看到哪些孩子拿到了这些书。因为你的爱心，他们会变得更快乐。"

"哇，太好啦！"军军做了个酷酷的奥特曼姿势。

在以上母子的对话中，我们不仅看到了军军妈妈的善良，也钦佩她的智慧。下面，我总结一下她的做法。

（1）耐心跟孩子解释为什么捐款。

孩子不一定懂得为什么要捐款，很多时候，他们是为了获得老师和家长的奖励，捐款只不过是一种讨好行为。军军的妈妈告诉他，因为他的捐款，一些偏远地区的孩子能够像他一样感受到读书的乐趣，这些孩子因为他的爱心而变得更快乐，这样，军军的心中会充满自豪感和价值感。

（2）肯定孩子的行为，及时表扬。

军军能够主动用自己的钱去帮助别人，这表明孩子有很好的分享意识，知道关爱别人，妈妈在帮助孩子了解捐款原因的基础上夸奖军军，会让他更好地肯定自己。

（3）鼓励孩子量力而行。

每个孩子都想当英雄，军军说要像扎克伯格一样捐出99%的钱，可是他并不知道，扎克伯格的捐赠不会影响到自己的生活，而军军如果捐出99%的钱，就不能买自己心爱的玩具，也不能给家人买礼物了，甚至可能连自己的正常花费都会受到影响，比如没钱买自己想要的画册。于是，军军妈妈巧妙地跟孩子解释了什么叫量力而行，引导孩子不能盲目模仿别人，而是要在自己的能力范围之内帮助别人。

（4）鼓励孩子为自己的行为负责任。

妈妈告诉军军，如果他捐出99%的钱，就要用剩下1%的钱来过后面的生活，而家长并不会为他提供额外的帮助。这是提醒孩子，在做出决定前要想清楚行动的后果，并要为自己的行为承担相应的后果，为自己的生活埋单。

（5）告知孩子作为捐款人的权利。

即使是大人捐款，也很少有人知道，捐款人有权利了解项目的进展情况，监督项目的执行。军军的妈妈鼓励孩子了解自己的权利和义务，同时，能看到项目一步步实施，真正帮助到别人，这也能更好地让军军感受到捐赠的快乐，有成就感。

（6）拓宽孩子的思路。

最后，除了捐款，妈妈还告诉军军，我们可以做很多事情来帮助别人。比如，捐赠旧的玩具和图书、领养宠物、参加公益竞走、种一棵树等，让孩子知道，做公益不只有捐钱这一种形式。

下面总结一下军军妈妈的几个沟通小技巧。

（1）抓住教育契机。

在军军决定要捐出99%的钱之后，妈妈才有机会和他讨论要量力而行的话题。

（2）少批判多提问。

妈妈没有否定或者嘲笑军军的决定，而是一直在问问题，启发孩子思考。

（3）允许孩子自己做决定。

当军军问"我捐100元，可以吗"时，妈妈并没有说可以还是不可以，而是鼓励他自己做决定，做一个独立的、有主见的人。

（4）坚持界限。

军军问他捐出钱之后，妈妈会不会给他补偿，妈妈坚定地拒绝了。她让孩子知道，他可以自己做决定帮助别人，但其他人不会为他的决定来埋单。

（5）提供可操作的建议。

家长可以建议孩子把零用钱分成消费、储蓄和分享三个部分。这样一来，孩子就可以有固定的钱用来分享了。

以上内容给大家展示了跟孩子讨论捐钱这个话题的时候可以使用的五个小技巧。军军的妈妈运用自己的智慧，循循善诱，培养了一个既有爱心又能理性参与公益的好孩子。好赞！

☀ 主题故事：我们都爱刷刷卡

买德启和花布丸在同一所学校，每到学期中的时候，老师都会号召大家进行捐款。老师从网上找到了很多关于向山区捐款的图片，还通过线上视频连线了授受捐款的孩子们，让学生们能够看到捐款地和被捐款人的实际情况。介绍后，老师让同学们自愿捐款。

买德启对花布丸说："这次你准备捐多少？"花布丸说："我的零用钱不多了，而且还要买上课用的笔记本，这次就不捐了。"花布丸对买德启说："你准备捐多少呀？"买德启说："我今年不准备捐钱了，我上周整理出了一些书籍、文具，我准备把它们捐给山区的孩子们。"

想一想：

通过提问，家长引导孩子思考如何正确地看待捐款，以及做自己力所能及的事情去帮助那些需要的人也是一种爱心。

你觉得买德启和花布丸在捐款这件事上的决定正确吗？请说说为什么。

家长引导孩子思考捐多少钱应当由孩子自己决定，这取决于他的能力，也取决于他想付出多少。同时，家长可以鼓励孩子捐赠出自己用不到的物品，比如文具、书籍等，这些物品对于那些需要它们的人来说，都是很有意义的。

实践游戏：我要献爱心

通过亲子共玩财富魔法兔子桌游，家长引导孩子认识献爱心是一种公益行为，同时理解献爱心要根据个人实际情况而定。

（1）如果孩子已经玩过此桌游，建议本次家长和孩子的获胜目标是获得 5 颗爱心。

（2）在正式开始体验的时候，家长给每个孩子发放创业资金300 元，然后让孩子选择购买几只兔子。

（3）在正式玩的过程中，孩子会沉浸其中，家长不要过多地干涉。当遇到花钱获得爱心或者暂停一轮获得爱心等格子，可以给孩子时间来思考如何做决策，同时家长进行记录。

（4）最后，家长让获得爱心的孩子来分享体会。

➢ 为什么刚才你选择获得爱心，你是如何思考的？

➢ 你觉得每个人都应该献爱心吗？

➢ 献爱心有成本吗？成本具体是什么？

扫码关注
魔法兔等你来

思考题

如何引导孩子理性做慈善。

总结篇

第8章

每一个孩子都应该拥有幸福的人生

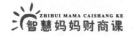

第 17 课

智慧妈妈是孩子的幸福源泉

最后，我想跟大家聊聊，如何做一位不焦虑的智慧妈妈，陪伴孩子幸福地成长。

家庭生活中总是存在各种压力，引起人们焦虑的情绪。今天，我们从家庭中最常见的"金钱焦虑"出发，分析妈妈们到底为什么感到担心。

从表面看，在这个极度商品化的时代，我们大多数人每天都在因害怕缺乏金钱而担心，金钱这个交换介质对我们的生活如此重要。我们需要钱来换取物质上和精神上的满足，当我们口袋里的钱难以满足自己内心的诉求时，会出现"能量失衡"，我们的内心就会感到失望，进而失落，甚至产生"金钱焦虑"。①

---

① 李新：《生活压力下的"金钱焦虑"》，《心理与健康》2017 年第 5 期，第 12－14 页。

"金钱焦虑"本身也是一种缺乏安全感的情绪，其源头指向收支不匹配造成的财务问题。财务问题只是表象，其背后是我们内心的体验。"钱不够花"是一种感觉，这种感觉形成的压力最终会演变为焦虑的情绪。那么，我们不妨来认真想一想：金钱到底是什么？什么才是富足？幸福又意味着什么呢？①

每天，金钱在世界各地，在我们的生活中流动。金钱是一种需要被使用的东西，当钱成为一种被固守的东西时，它是没有生命力的，这些钱成为一种心理安慰，没有了真实的市场价值。我们每个人的衣食住行都离不开钱，它可以带来快乐，也可以是万恶之源。

金钱是万能的吗？不同的人显然有不同的回答。有人说，有钱也买不到尊严、人格、智慧、亲情、爱情、友情。金钱不重要吗？有人说，没有钱，你拿什么维持你的亲情、稳固你的爱情、联络你的友情？

一个人到底需要多少钱，才能生活幸福呢？妈妈们肯定在心里说：越多越好。假设世界上的钱多到花不完，我们拿这些钱到底要去干什么呢？大多数人在心里说：可以想干什么干什么，嗯，其实，也并不知道要干什么。如果没有目标，我们为什么认

---

① 李新：《生活压力下的"金钱焦虑"》，《心理与健康》2017 年第 5 期，第 12 – 14 页。

为钱越多越好呢？我们到底想用钱得到什么呢？也许，在思考这些问题的过程中，我们可以释放心理压力，减少对未来的焦虑。古今中外，金钱都是人类的重大主题，却很少有人能给出明确的答案。

中国妈妈们最关心的一直是跟孩子未来相关的事情。下面，我们就从这些方面来回顾一下已经学习的内容。

1. 关于孩子的生活问题

大宝、二宝在欢乐地玩耍，妈妈坐在一旁，脑海里情不自禁地想象他们未来的样子，思考着：我亲爱的孩子们将来会过上怎样的生活呢？他们会富足吗？会快乐吗？会生活幸福吗？这大概是所有妈妈的心声吧。

据统计，在中国，把一个孩子培养到大学毕业，基本的花费在50万~200万元。一位广州的爸爸曾经在网上晒出了一份养娃账单。

> （1）怀孕生产：1万元。
>
> （2）0~3岁：5.7万元。
>
> （3）今后20年衣食住行，每月1200元，共28.8万元。
>
> （4）教育开支：19.38万元（学前4~6岁，总计7.38万元；12年小学到高中，正常教育支出6万元；4年大学教育每年1.5万元，共6万元）。
>
> （5）出国留学：至少30万元。
>
> （6）买房结婚：至少50万元。
>
> 合计134.88万元。

这笔钱，对于普通家庭来说绝非小数目。可是，当孩子长大成人后，他们是否有能力找到一份工作养活自己？需要多长时间才能赚到这笔钱呢？现在不少年轻人一心只想追求自己的梦想，却完全忘记了自己的成长是父母默默地付出巨大的努力换来的。这样的孩子，会懂得感恩和珍惜吗？

可怜天下父母心，家长都希望孩子将来过上比自己好的生活，希望孩子成长为健康、快乐、富足、幸福的人。下面几个家庭的例子，您可能会感觉似曾相识。

一位来自浙江的妈妈问："我们夫妻俩多年在商海奋斗，如今家境优渥，家庭和睦幸福。女儿在澳大利亚读书，可以随意购买自己喜欢的大品牌，所以，我觉得孩子是幸运的。但同时，我总是忍不住担心，天有不测风云，如果哪一天失去了爸爸妈妈的经济支持，女儿是否还能保持同样的生活质量。我害怕女儿毕业后赚不到钱，又担心女儿将来不懂如何管理自己和家庭财务的话，该怎么办？"

一位来自湖南的妈妈问："我们家是普通的工薪家庭，儿子大学毕业后在上海创业，每月的收入扣除了房租、水电费、伙食费、交通费以后，基本上没有什么结余。儿子真不容易，不仅在工作上特别辛苦，在生活上也十分节俭。但是，小夫妻却经常因为用钱的事情闹不开心。为了帮儿子减轻经济负担，我决定拿出积蓄给儿子买一辆车，可是，我每天都很焦虑。如果儿子熬夜加班把身体累垮了怎么办？万一儿子失业的话，拿什么维持这一家人的生活？"

一位来自陕西的妈妈问：我出生在农村的贫困地区，跟随丈夫到西安打拼多年，过上了不愁吃穿的日子。为了让我的两个女儿将来有更好的生活环境，我们打算在一个富裕的小区里安家。但是，买房之后，家里的存款基本上用光了，不仅自家的生活质量降低了，而且给老人的赡养费也减少了。每天，我感觉城市里的生活压力好大，而农村的生活又回不去了。我害怕女儿被城里的同学瞧不起，更担心她们将来嫁的那个人会不爱护她。

这些关于孩子未来生活的问题，到底是孩子的问题还是家长无谓的担忧呢？我想，大家都已经有了自己的答案吧。

2. 如何培养孩子的富足感和良好习惯

我们总结了佰特教育超过 10 年的实践经验，通过大量的观察和调研，最终选择了目标、资源、规划、储蓄、信用、风险、分享这七个方面的意识，当作培养孩子富足感的着力点。

（1）目标意识。

现在不少家长发现孩子既不爱学习，也不愿意与人交往，这可能是因为孩子缺乏奋斗的目标。找到一个明确的目标，是让孩子行动的重要前提。家长可以让孩子先从一些小的目标开始，比如为买玩具存零用钱，然后慢慢过渡到学习、交际等其他事情上的培养。

（2）资源意识。

我们每个人本身就是最大的资源，我们的才能、时间、人脉、行为习惯、思维方式是我们获得财富的最大保障。通过对自我的探索，发现自己独特的内在需求和潜能是我们每个人一生的课题。

我们追求财富的初心是什么？冲动是什么？激情来自哪里？这些问题背后就是目标清晰化的过程，我们通过识别自身以及外界的资源来实现自己的目标。

（3）规划意识。

即使有了目标，如果缺乏行动的时间表和行动的测评规划，实现目标就成为空谈。也就是说，孩子的规划意识也很重要。

（4）储蓄意识。

当孩子有了财务的目标意识和规划意识以后，妈妈就可以开始培养孩子的储蓄意识了，让孩子了解人生的富足来自对生活的积累。储蓄意识，就是让孩子有延迟满足的心理和体验，让他们知道，有时候放弃眼下的东西，可以在未来收获更多、更好的东西。这种体验通常比较抽象，所以，妈妈可以通过钱的储蓄以及实现计划的过程，让孩子们有最直接的体验，尝到积累的甜头。

（5）信用意识。

随着社会的进步，我们希望孩子成为一个守信用、有契约精神的人。在财富竞赛中，培养孩子的信用意识，让孩子明白诚实守信虽然有时候会吃亏，但从长远来讲，将获得人们的信任，从而拥有更多获得财富的机会。

（6）风险意识。

风险意识是要孩子理解什么是不确定性，在设定目标和规划路径的过程中，要考虑到凡事都会有风险，会有失败的可能，这一点对于孩子未来的生活和人生规划都十分重要。

（7）分享意识。

让孩子参加慈善公益等为他人服务的活动，对其一生都有意想不到的收获，可以培养孩子的分享意识，让孩子懂得，给予同时也是一种获得。在共享经济时代，分享意识对于成功显得更加重要。

我们相信，以上这七个方面的意识可以帮助孩子成为富足而幸福的人。这些意识的培养方式，都渗透在我们这 17 节课程里面。

3. 如何培养孩子的经济意识和做人品格

还记得"钱魔方"吗？前面的 16 节课涉及六个模块：花钱、

赚钱、存钱、借钱、投资和捐钱，通过解答与每个模块相关的问题来提高孩子们这些方面的意识和能力。现在，让我们一起来回顾一下吧。

前三个模块是根据孩子接触钱、使用钱的认知发展来安排的。

（1）我们从**花钱**开始谈起，因为孩子最早开始接触钱是从花钱开始的。我们从家长最纠结的两个问题入手——孩子乱花钱和孩子不花钱的问题，分析了孩子花钱大手大脚的原因，并给出六种解决方案；教妈妈怎样用简单的三步方法，让舍不得花钱的孩子学会快乐消费。

我们希望培养孩子对待钱的正确态度，摆脱"金钱奴隶"的心态，做金钱的小主人，知道如何让钱为自己创造价值，从而树立正确的资源意识和规划意识。

（2）孩子**赚钱**主要有三种方式：父母定期给零用钱、做家务等方式获得"劳务费"和小型的家庭"创业活动"。等孩子的手里有了一些钱后，肯定会花掉一部分，同时他们也会发现，原来有一些小愿望不用请求爸爸妈妈，就能通过自己努力攒钱来实现。

（3）紧接着，我们进入了**存钱**模块。我们跟大家分享了引导孩子存钱的意义和方法，并推荐了一个有趣的家庭财商游戏"妈妈银行"，帮助孩子了解储蓄的更多内容，培养孩子的目标意识和储蓄意识。

后面的三个模块需要在孩子有更强的自我认知能力和思维能力时才能涉及。

（4）我们通过**借钱**的过程，帮助孩子建立边界意识，维护自己的权利，了解借钱的风险和按时还钱的重要性。

（5）对于**投资**，孩子可能要到一定的年龄才会感兴趣，才能真正理解投资的概念。我们在葡萄园里分享了如何跟孩子谈投资这件事，希望孩子在投资之前，一定要了解自己的风险偏好和风险承受能力。

（6）最后，**捐钱**的模块同样非常重要。我们希望家长了解如何引导孩子学会分享，成为心中有爱，有能力、有意愿帮助别人的人。通过分享来获得被需要和被肯定的价值感，孩子会感到更加幸福。

我们相信，通过这样的财商教育过程，妈妈一定能让孩子成长为经济独立、内心富足、感恩幸福的人。

4. 关于如何让孩子自己做正确的决定

家长越早培养孩子的金钱观，孩子就越容易从具体的生活情境中树立正确的财富观，同时更好地掌握生活的技能。我们这17节课里所列举的问题，可能曾经真实地发生在您或者朋友的家里，比如乐乐花钱大手大脚的故事，军军要捐很多钱的故事，都是提升孩子财商的模板案例。

还记得吗，我在课程的开头提到过四种类型的妈妈，现在您已经准备好要成为第五种"引导型"智慧妈妈了吗？记住，**引导型教育方式的核心，是尊重孩子的感受，倾听孩子的想法，引导孩子自主思考、独立做决定**。家长的责任是陪伴孩子一起思考，一起做决定。只要坚持这样的原则，抓住教育的契机，遵守商业规律，每个家庭都可以开发出很多适合自己孩子的财商教育教材。

5. 关于妈妈给孩子的财富礼物

中国妈妈在微信朋友圈里常做三件事：点赞、购物、晒宝宝。一般来说，在中国家庭中，妈妈对于孩子投入的精力最多，不管是喂奶、讲故事，还是辅导孩子做作业，可以说妈妈在孩子生活的方方面面操碎了心。在儿童的早期教育上，财商教育和健康饮食、安全性行为的教育一样重要，其责任也落在妈妈的身上。随着时代的发展，我们身边的二胎越来越多，孕产育教，妈妈们也需要不断学习，不能被动，也不能懈怠，要给孩子做出生活的榜样。

家长的使命，就是要让孩子在离开家以后能够独立生活，并不断向周围的人学习如何生活，适应社会。妈妈留给孩子最恒久的财富，不是大量的钱财，而是健康的生活方式，尤其是对待和运用金钱的方式，除此之外，还有正确的财富观。妈妈在教会孩子如何使生活变得富足的同时，也要让孩子明白金钱并不是万能的。我们要让孩子知道，还有很多东西比金钱更重要，比如阳光、空气、亲情、梦想等，同时，与人分享能让我们更加自信，感到更幸福。需要强调的是，妈妈的以身作则比任何口头说教更有效，对孩子的成长具有不可估量的影响。

6. 关于富有和幸福的更多思考

家里有 100 万元算富有吗？在贫困落后的地区，答案是肯定的，但是在经济发达的城市里，100 万元可能还不足以覆盖把一个孩子养大所需要的费用。有 1000 万元算富有吗？在北上广这样的城市里，这可能只是一套房子的价格。那么，有豪车、有学区房算富有吗？据说，在世界上的亿万富翁中流行的私人定制旅行，人均消费上百万美元。山外有山，只要我们有跟他人比较的想法，内心就不会觉得富足。

2013 年，英国著名作家 Steve Henry 对 1000 位普通民众进行访问与调查，从而评选出 50 件最能让人感觉"富有"的事情，并将其与中彩票所带来的欢愉程度做比较，使用"金钱评价系统"计算出这 50 件事中所包含的"金钱价值"。结果发现，人们认为"身体健康"是最重要的资产，价值高达 18.0589 万英镑，排名第一；一句"我爱你"的价值为 16.4921 万英镑，排名第二；"稳定的感情生活"价值 15.4849 万英镑，排名第三。

1938 年，哈佛大学进行了一项成人发展的研究，用 75 年时间，跟踪 724 位男性的一生，记录他们的工作、家庭、健康，观察他们的人生走向。这些男性被分为两组：一组是哈佛大学的学生；另一组是来自波士顿贫民区的孩子，他们家庭贫困，都住在廉价公寓里。

科学家的最终结论是：**决定我们人生幸福的，不是钱，也不是名利、工作，而是良好的人际关系。**和谐温暖的人际关系，能让我们更加幸福和快乐。

美国商业史上第一位亿万富翁、著名慈善家洛克菲勒对他的儿子说："如果你慷慨大方，别人也会同样对待你。"

这就是我携佰特教育团队为您精心策划、设计开发的"智慧妈妈财商课"的全部内容，致力于帮助千万中国妈妈们掌握开启自家孩子财商意识的技能。财商培养是个过程，从意识到行为的改变不可能一蹴而就。开启孩子的财商意识是最重要的一步，之后还需要家长在生活中不断给予孩子实践的机会。您在引导孩子学习的过程中，可以与我们保持联系，我们愿意和您一起，帮助孩子养成良好的生活习惯，有计划地追逐自己的目标，努力工作，积累财富，参与公共生活，成为拥有现代财富观和完整幸福观的经济公民。

我要恭喜您坚持读完了这 17 节财商课的内容，希望您喜欢我们为您和孩子设计的亲子小游戏。

如果您有什么收获和想法，欢迎与我和其他学员们一起分享和交流，在财商教育的过程中没有权威和专家，只有不同的实践者。

100 多年前，世界著名作家马克·吐温在回首自己的人生时，写下这样一段话："时光荏苒，生命短暂，别将时间浪费在争吵、道歉、伤心和责备上。用时间去爱吧，哪怕只有一瞬间，也不要辜负。"

我衷心祝愿您与财富、美德、智慧同行！

最后，祝福您和家人拥有健康、富足和幸福的生活！

思考题

财富与幸福的关系是什么？